激光切割
与
开源硬件

郭力 著

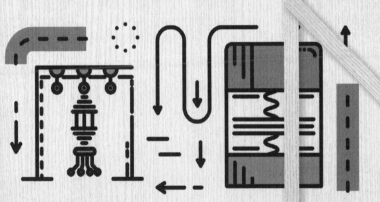

从激光切割设计
到开源硬件编程，
从静态案例到动态作品，
从想象到实际，
利用激光造物手段
解决生活真实问题，
享受造物带来的无限乐趣！

人民邮电出版社

北京

图书在版编目（CIP）数据

激光切割与开源硬件 / 郭力著. -- 北京 ： 人民邮
电出版社，2024.3
　（激光造物）
　ISBN 978-7-115-62410-9

　Ⅰ．①激… Ⅱ．①郭… Ⅲ．①激光切割 Ⅳ.
①TG485

　中国国家版本馆CIP数据核字(2023)第143680号

内 容 提 要

　　本书面向青少年、创客教育师生及喜欢动手的人群，作者使用 LaserMaker 激光建模软件设计外观结构，使用开源硬件 Arduino、micro:bit、掌控板、树莓派等作为主控，使用 Mind+、Mixly、Arduino IDE 编写程序，制作出有趣、详尽、富有挑战性和可操作性的案例来引导读者，激发读者对于动手造物的兴趣，让读者在快乐中学习，将所学知识综合应用在生活中，帮助读者培养动手能力、逻辑思维能力、空间想象能力、编程能力，以及知识综合运用能力。本书为师生提供了实用有趣的技术制作方案，激发动手爱好者的创意灵感，也可供学校科技社团学习参考。

◆ 著　　　　郭　力
　　责任编辑　哈　爽
　　责任印制　马振武
◆ 人民邮电出版社出版发行　　北京市丰台区成寿寺路 11 号
　　邮编　100164　　电子邮件　315@ptpress.com.cn
　　网址　https://www.ptpress.com.cn
　　临西县阅读时光印刷有限公司印刷
◆ 开本：775×1092　1/16
　　印张：13.25　　　　　　　2024 年 3 月第 1 版
　　字数：270 千字　　　　　2024 年 3 月河北第 1 次印刷

定价：89.80 元

读者服务热线：**(010)81055493**　印装质量热线：**(010)81055316**
反盗版热线：**(010)81055315**
广告经营许可证：京东市监广登字 20170147 号

前　言

大家好，我是一名再普通不过的父亲了。我与创客的故事开始于十几年前的学生时代，因为自己所学专业和参加的兴趣社团都和机器人相关，毕业后我就顺理成章地选择了机器人教育这个行业，开始接触和学校里不一样的 Arduino 单片机，从点亮一颗 LED 开始，到使用 3D 打印机、激光切割机等加工设备尽情地把自己的想法实现出来。

刚开始动手造物是觉得好玩，也做了很多作品。经常有人问我，制作这些作品到底是为什么？是消遣，还是业余爱好？我也一直在寻找这个问题的答案。直到有一天，我看到一位爸爸为了陪伴孩子成长，在孩子成长的每个阶段为他做了各种玩具，这让我觉得自己做的东西也可以变得有意义，于是我开始转变观念，不再像以前那样只是单纯地制作，而要从生活出发，用自己的方式解决生活中的问题，让自己的思维不再被束缚，在自己享受生活的同时也给孩子树立正面的、积极的榜样，此后我的创造就开始和生活息息相关了。同时，我还开始进行文字记录，把动手造物的点点滴滴记录在"旺仔爸爸造物社"公众号中，这些文字最终汇集成本书。

在创作或者改造作品的过程中，我学到了很多知识技能，不少项目涉及了很多之前未接触过的知识，这就需要带着问题去探索学习。与被动地接受知识相比，以实现项目功能为目的去探索学习新知识，我们所掌握的知识体系可能会更加牢固，所获得的技能水平可能会提升得更快。

生活处处皆学问，细心观察，深入思考，不断地发现问题，解决问题，保持终身学习的心态，从生活中来，到生活中去，拥有一双善于发现问题的眼睛、一个勤于思考的大脑和一双肯于行动的双手，我想这或许就是创客们的特点吧。

观察创客不难发现，他们有一个共同点，那就是不妥协的精神，创客们具有探索的勇气、自主学习的能力，以及创新的想法。在未知的问题面前，他们敢于去探索；在未知的领域，他们有独特、有效的学习方法来帮助弥补欠缺的知识；他们是终身学习者，有自己的兴趣爱好，有很强的自主学习能力，他们习惯用自己的方式改变生活，因为唯有行动可以解决所有焦躁和不安。人生就是不断"挖坑"再"填坑"的过程，在这个过程中我们生命的厚度不断增加，希望每个人都能坚持、不妥协，让自己的生命更加丰富多彩。

在本书中，我开发了一些激光造物的案例，这些案例由易到难，从简单拼装到程序编写，从方案设计到想法实现，有哄孩子玩的装置、帮助聋哑人送外卖的语音助手，还有水质监测船、可以演奏的乐器、曲线测量装置等。希望这些案例能让更多的人感受到造物的魅力与生活的美好，让更多的人能够用动手造物的方式享受生活，一起动手做起来，相信在未来，这种生活方式将是一种时尚，是生命价值的另一种体现，造物让生活更美好！

这本书的出版得到了很多朋友们的大力支持，在此我要感谢为我和这本书提供了帮助的刘育红、裘炳涛、高伟光、陈典满、朱见伟几位老师，感谢多次帮忙修改稿件的周明老师，感谢雷宇激光、DFRobot、好好搭搭、盛思科技等科教公司和 DF 创客社区、LaserMaker 社区、Labplus 社区等，最后还要感谢一群因激光造物走在一起的朋友们，相信有你们，中国科创未来大有可为。

现在开始，跟着我一起遨游在美好的造物世界里吧！

郭力

2023 年 5 月 10 日

目　录

第1篇

激光造物与科学探究

本篇将介绍一些电子硬件与科学实验相结合的探究案例，应用激光切割技术，科学探究将变得触手可得，我们在家就可以做实验。一起来看看激光造物与科学探究实验会碰撞出什么样的火花吧！

01 "郑和一号" 水质监测船

水，是生命之源，是人类赖以生存的重要物质，本次实验围绕水源质量展开，面向对象为小学生。

小学科学课程标准中涉及了水体、水圈的内容。教育科学出版社出版的小学科学教材六年级下册中"环境和我们"篇章设计了"考察家乡的自然水域"的内容，要求同学们实地考察周围水域环境，查看水体有没有废水排放，有没有污染物、动植物，最后采集一瓶水样带回去进行检验观察。大多数同学会在河边或者池塘边将水样采集到盛水的容器中。有学生提出疑问，池塘中心部位和边缘部位的水质是否一样？爱因斯坦曾说过，提出一个问题往往比解决一个问题更加重要。学生勇于提出问题，必须得到老师正面回应。出于探索的精神，我们尝试做了实验项目"郑和一号"水质监测船，用来监测周围水域的水质，然后给出量化的结果。

"郑和一号"可以远程操控，并实时发送采集到的水质数据到物联网平台。本作品由我指导学生共同完成。

方案确定

我们希望水质监测船可以远程操控，实时反馈水质，甚至可以帮助环境监测部门全天候不间断监测企业是否有乱排污水的现象。

远程操控

实现远程操控的方案有 Wi-Fi 和 2.4GHz 通信两种，考虑到响应的速度和稳定性，我们选择了 2.4GHz 无线通信手柄（见图 1-1）。

图 1-1　2.4GHz 无线通信手柄

数据实时反馈

我们采用 OBLOQ 物联网模块（见图 1-2）将传感器监测到的数据实时反馈到物联网平台，当然 OBLOQ 物联网模块要连接 Wi-Fi，需要我们使用手机打开热点。

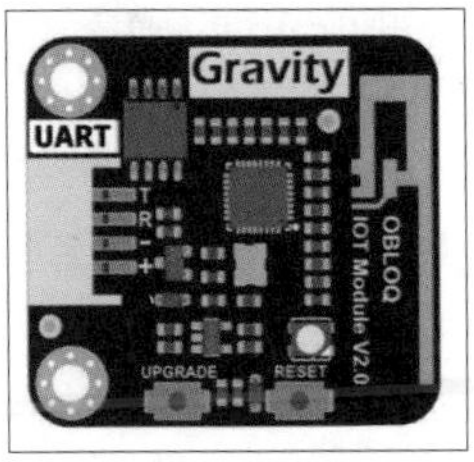

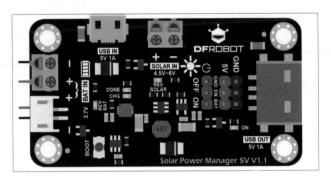

图 1-2 OBLOQ 物联网模块

供电系统

下面需要解决的是水质监测船续航的问题。反复上岸充电明显是不现实的，利用可再生的能源为锂电池供电是一种比较可行的方案，于是我们想到了用 5V/1A 的太阳能电池板（见图 1-3）和太阳能电源管理模块（见图 1-4）给锂电池充电解决续航问题。

图 1-3 太阳能电池板

图 1-4 太阳能电源管理模块

水质监测传感器

我们需要能监测水质的传感器，目的是将水质好坏程度进行量化。监测水质的传感器有很多种，比如模拟 TDS 传感器、模拟 pH 计和模拟水质浊度传感器等。

由于模拟水质浊度传感器不能完全浸入水中测试，先将其排除。剩下的两种传感器测试的侧重点不同，pH 计可以测试 pH 值，TDS 传感器可以检测水中的 TDS（溶解性总固体，也叫溶解性固体总量）。如果两种传感器都能够用在本实验中，可以全面地反映水质，但成本也是需要考虑的因素，于是我们本次只采用了成本相对较低的模拟 TDS 传感器（见图 1-5）。TDS 表明 1L 水中溶有多少毫克溶解性固体。一般来说，TDS 值越高，水中含有的溶解物越多，水就越不洁净。因此，TDS 值的大小，可作为反映水的洁净程度的依据之一。依照我国《生活饮用水卫生标准》，饮用水的 TDS 应小于等于 1000mg/L。

我们此次使用的 TDS 传感器采用电导率法来计算 TDS 数值。电导率表示水溶液传导电流的能力，它与水中的 TDS 有密切的关系。电导率法存在的不足就是

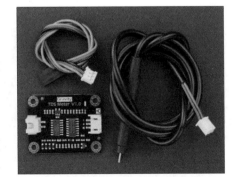

图 1-5 模拟 TDS 传感器

检测时水温会影响电导率，进而影响检测到的 TDS 数值。

目前 TDS 传感器被广泛用于家用净水器中，不过它只能检测出水中的可导电物质，而无法检测出细菌、病毒、微生物等，因此不能单纯地将 TDS 数值作为水质好坏的标准。我们应结合其他水质指标综合评价水样的水质。

在使用 TDS 传感器的过程中需要注意以下几点：（1）TDS 探头不能用于 55℃ 以上的水中；（2）TDS 探头放置位置不能太靠近容器边缘，否则会影响示数；（3）TDS 探头头部与导线部位防水，可浸入水中，但连线接口处与信号转接板并不防水，使用时请注意。

行驶系统

要让水质监测船在水面上行驶，驱动方式有很多种，比如船帆、船桨、螺旋桨、明轮等。考虑到制作的难易程度，我们采用了比较简单的明轮驱动方式。

室内实验

方案确定后，我们展开实验，分室内实验和户外实验两部分。

实验目的

人们以往会通过一些粗略的词语评价水源水质，比如"这里的水好干净啊"，通过本次实验，我们检测与人们生活相关的水体，将水质的好坏程度进行量化。实验让同学们对不同水质有直观的感受，养成用科学实验数据总结规律的好习惯。

实验场景

我们主要完成 6 种水的水质检测，不需要让船体下水，只需要静态地观察检测数据。6 种水分别是：自来水、净水器过滤后的水、沸腾之后冷却至 50℃ 左右的水、农夫山泉饮用天然水、怡宝纯净水，以及百事可乐（见图 1-6）。

实验器材如表 1-1 所示。

图 1-6　用于室内实验的 6 种水

表 1-1　实验器材

序号	名称	数量
1	Arduino Nano 加扩展板	1 套
2	模拟 TDS 传感器	1 个
3	OBLOQ 物联网模块	1 个
4	下载线	1 根
5	6 种待检测的水	若干

电路连接

模拟 TDS 传感器输出的是模拟信号,我们把它接在 Arduino Nano 的模拟引脚 A0 上;OBLOQ 物联网模块接 Arduino Nano 的数字引脚 2、3,如图 1-7 所示。

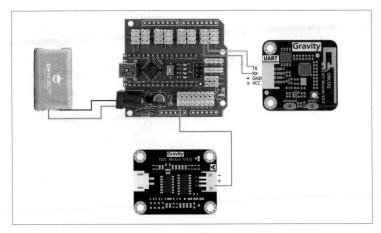

图 1-7   电路连接示意图

程序设计

我们使用的是 Mind+ 编程环境,使用"上传模式",单击左下角的"扩展",在"主控板"选项卡中选择"Arduino Nano",在"传感器"选项卡中选择"模拟 TDS 传感器",在"通信模块"选项卡中选择"OBLOQ 物联网模块"。

接着,我们需要查看用于向物联网平台发送数据的几个参数。用浏览器打开 Easy IoT 网站,单击"工作间"(见图 1-8),登录物联网平台查看 3 个重要参数 lot_id、lot_pwd、Topic(见图 1-9)。

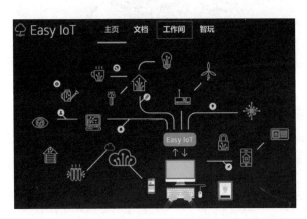

图 1-8   Easy IoT 网站

图 1-9   查看 3 个重要参数 lot_id、lot_ pwd、Topic

准备工作完成后，接下来编写程序。测试程序如图 1-10 所示，程序的主要功能是每隔 5s 向 Easy IoT 平台发送一次 TDS 传感器检测到的数值。注意程序中的 lot_id、lot_pwd、Topic 要与 Easy IoT 平台中的内容一致（见图 1-11）。

图 1-10　测试程序

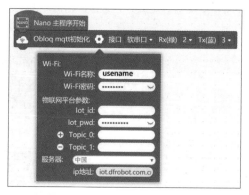

图 1-11　程序中的 lot_id、lot_pwd、Topic
要与 Easy IoT 平台中的内容一致

实验过程

1. 检测自来水

对自来水进行检测（见图 1-12），从图 1-13 中 Easy IoT 平台记录的数据可以看出自来水的 TDS 数值在 220~230mg/L，属于可以接受的范围。

图 1-12　对自来水进行检测

时间	消息	图标
2020/8/2 0:43:41	224.07942	
2020/8/2 0:43:40	222.38344	
2020/8/2 0:43:39	227.47023	
2020/8/2 0:43:38	224.07942	
2020/8/2 0:43:36	224.07942	
2020/8/2 0:43:35	234.24835	
2020/8/2 0:43:34	235.94241	
2020/8/2 0:43:33	229.16513	

图 1-13　自来水的检测数据

2. 检测净水器过滤后的水

图 1-14 中的数据显示，净水器过滤后的水 TDS 数值在 110~120mg/L，这种水属于比较理想的饮用水。

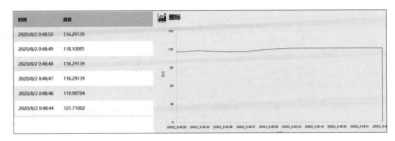

图 1-14 净水器过滤后的水的检测数据

3. 检测沸腾之后冷却至50℃左右的水

模拟 TDS 传感器不能用在超过 55℃的环境中，所以我们选用了恒温水壶中 50℃的水。图 1-15 中的数据显示 TDS 数值在 230mg/L 左右，溶解性固体还是比较多的，怀疑是水壶长时间没被清洗，有水垢的缘故。

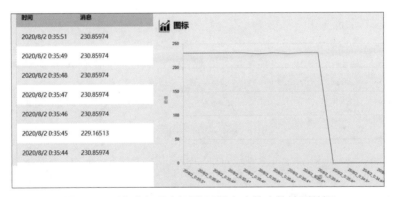

图 1-15 沸腾之后冷却至 50℃左右的水的检测数据

4. 检测农夫山泉饮用天然水

如图 1-16 所示，农夫山泉饮用天然水的 TDS 数值为 60mg/L 左右，很理想，里面的溶解性固体应该也是人体所需的矿物质。

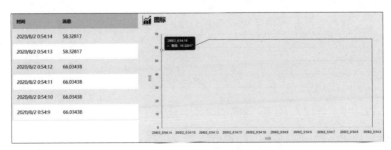

图 1-16 农夫山泉饮用天然水的检测数据

5. 检测怡宝纯净水

如图 1-17 所示,怡宝纯净水的 TDS 数据显示为 0mg/L,纯净水真的很纯净。

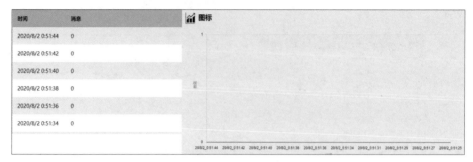

图 1-17　怡宝纯净水的检测数据

6. 检测百事可乐

如图 1-18 所示,百事可乐的 TDS 数值在 800mg/L 左右,可乐中的溶解性固体还是比较多的,我暂时没能把数据和配料表中的成分对应起来。

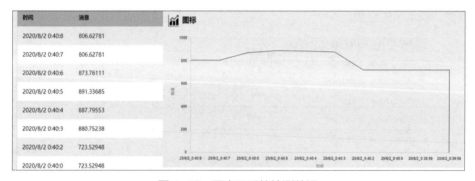

图 1-18　百事可乐的检测数据

实验结论

比较 6 种水的 TDS 数值,我们对水体的溶解性固体含量有了直观的量化比较,百事可乐中的溶解性固体含量最高,怡宝纯净水则完全没有溶解性固体。不过 TDS 数值高低也不能完全说明水是否适合饮用,含微量矿物质的饮用水是比较理想的;TDS 数值为 0mg/L 的纯净水虽对人体无害,但也无法提供人体所需的微量元素。

户外实验

实验目的

考察周围水域环境,通过对 TDS 数值的比较,充分了解生活环境的水质。监测户外的水质,可以从小树立保护环境的意识。同学们通过合作完成项目,还可以培养团队合作能力。

水质监测船用到的器材如表 1-2 所示。

电路连接

我们需要在室内实验的基础上增加太阳能电源管理模块和电机驱动模块的连接。电机驱动模块采用的是比较常见的 L298N 双路电机驱动芯片，特点是驱动电流大一些，缺点是连接稍微复杂。电路连接如图 1-19 所示。

外观设计

我们使用激光切割机对奥松板进行加工，制作船体。只是一个木制船，并不能够安全地漂浮在水面上，因此，我们在船底加上了塑料泡沫板，以增大船的浮力。设计图纸时需要注意预留传感器、电子元器件的安装位置。使用 LaserMaker 设计的船体图纸如图 1-20 所示。激光切割机加工完成的实物如图 1-21 所示。

表 1-2 水质监测船用到的器材

序号	名称	数量
1	Arduino Nano 加扩展板	1 套
2	2.4GHz 无线通信手柄	1 个
3	OBLOQ 物联网模块	1 个
4	锂电池	1 个
5	模拟 TDS 传感器	1 个
6	L298N 电机驱动模块	1 个
7	太阳能板 5V/1A	1 个
8	太阳能电源管理模块	1 个
9	N20 电机	2 个
10	法兰	2 个
11	联轴器	2 个
12	光轴	2 个
13	2.5mm 厚奥松板	若干
14	下载线	1 根
15	杜邦线	若干

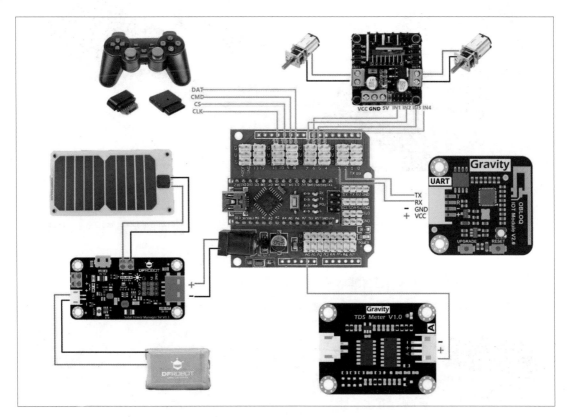

图 1-19 水质监测船电路连接示意图

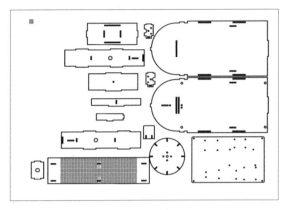

图 1-20 使用 LaserMaker 设计的船体图纸

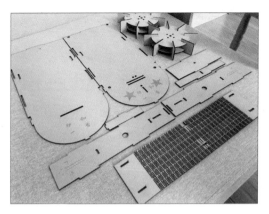

图 1-21 激光切割机加工完成的实物

组装

（1）将主要电子元器件安装在小盒子中，避免触碰到水而损坏（见图 1-22）。

（2）为了最大程度获取太阳能，我们将太阳能板以图 1-23 所示的方式安装在船体表面。

图 1-22 将主要电子元器件安装在小盒子中

图 1-23 安装太阳能板

（3）将木制结构件装配成船体，将盒子放入船体中，在船底部装上塑料泡沫板（见图 1-24）。

（4）两个明轮采用两个法兰和联轴器与 N20 电机相连（见图 1-25）。

图 1-24 安装船体

图 1-25 安装明轮

（5）最终"定妆照"如图 1-26 所示。

图 1-26　最终成品

程序设计

我们使用 Mind+ 编程，使用"上传模式"，单击"扩展"，在"主控板"选项卡中选择"Arduino Nano"，在"用户库"选项卡中选择"L298N_RED 微型电机驱动"，在"传感器"选项卡中选择"模拟 TDS 传感器"，在"通信模块"选项卡中选择"OBLOQ 物联网模块"和"PS2 手柄"。

准备工作完成后，接下来编写程序。我们要完成初始化，让水质监测数据发送到物联网平台，初始化参数主要有 5 个，前两个是 Wi-Fi 名称和密码，后 3 个是 lot_id、lot_pwd、Topic_0。

编写船体前进、后退、左转、右转的函数（见图 1-27）。

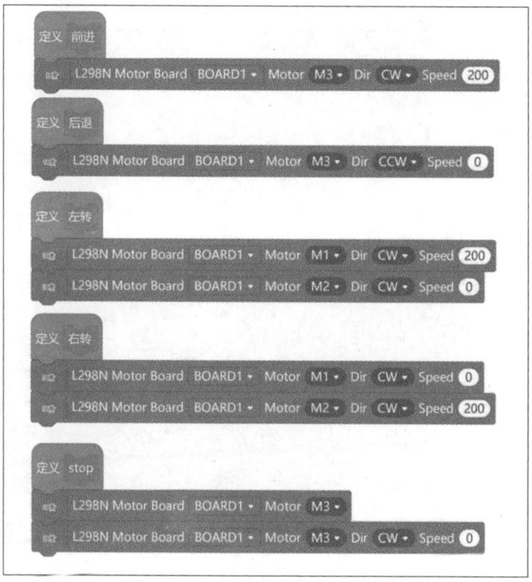

```
定义 前进
  L298N Motor Board  BOARD1 ▾  Motor  M3 ▾  Dir  CW ▾  Speed 200

定义 后退
  L298N Motor Board  BOARD1 ▾  Motor  M3 ▾  Dir  CCW ▾  Speed 0

定义 左转
  L298N Motor Board  BOARD1 ▾  Motor  M1 ▾  Dir  CW ▾  Speed 200
  L298N Motor Board  BOARD1 ▾  Motor  M2 ▾  Dir  CW ▾  Speed 0

定义 右转
  L298N Motor Board  BOARD1 ▾  Motor  M1 ▾  Dir  CW ▾  Speed 0
  L298N Motor Board  BOARD1 ▾  Motor  M2 ▾  Dir  CW ▾  Speed 200

定义 stop
  L298N Motor Board  BOARD1 ▾  Motor  M3 ▾
  L298N Motor Board  BOARD1 ▾  Motor  M3 ▾  Dir  CW ▾  Speed 0
```

图 1-27　船体前进、后退、左转、右转的函数

然后设计一个利用 PS2 手柄进行控制的函数（见图 1-28）。

PS2 手柄在使用之前需要初始化（见图 1-29）。

主程序（见图 1-30）加上图 1-27、图 1-28 所示的函数就是完整的程序，程序中设置了当右侧摇杆值大于 250 时向物联网平台发送水质监测数据。

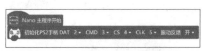

图 1-29　PS2 手柄初始化程序

图 1-28　利用 PS2 手柄进行控制的函数　　　　　　图 1-30　主程序

实验过程

对公园小池塘的水质进行监测，反馈到物联网平台的 TDS 数据如图 1-31 所示。

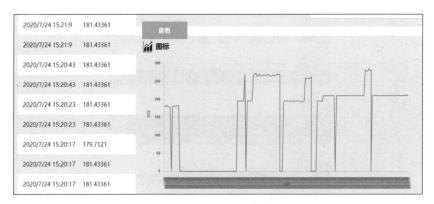

图 1-31　公园小池塘的 TDS 监测数据

接下来对小区外面的河的水质进行监测（见图 1-32），反馈到物联网平台的 TDS 数据如图 1-33 所示。

图 1-32 对小区外面的河的水质进行监测

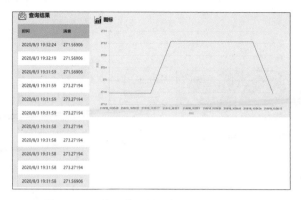

图 1-33 小区外面的河的 TDS 监测数据

实验结论

从数据可以看出，公园小池塘的 TDS 数值在 180mg/L 左右，水质还是不错的。小区外面的河的 TDS 数值在 270mg/L 左右，比公园小池塘的 TDS 数值略高，水质略差。实验基本可以量化水质，对于水质比较差的下游河流，可以从上游开始跟踪监测水质，查找出问题的水域，思考采用什么样的方法对水质比较差的水体进行净化。

总结

"郑和一号"水质监测船还有需要提升的地方，比如，在结构材料上可以选择更防水的材料；在水质监测方面，本次只用了 TDS 传感器监测水质，以后可以尝试增加 pH 计；物联网模块受Wi-Fi 信号传输距离限制，只能在 Wi-Fi 覆盖范围内使用，后面可以尝试使用 GPS 模块解决问题，让水质监测船能够实现真正意义上的远程操控。我们的目标是星辰大海。

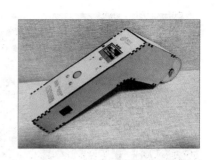

02 掌控"哈雷"曲线测量

在生产、生活和科学研究中，经常要比较距离的远近、时间的长短、温度的高低……人们常常用自己的眼睛、鼻子、耳朵等感觉器官去感知外界的情况。但是，仅凭感觉去判断，不一定正确，更谈不上准确。为了正确地认知世界，准确地把握事物的特点，人们发明了很多仪器和工具，如尺子、钟表、温度计等，这些仪器和工具帮助我们进行准确的测量。

测量任何物理量都必须先规定它的单位。长度的基本单位是米（meter）。物理量的单位都有国际通用的符号，国际单位制中，米的符号是 m。为了准确测量长度，人们设计、制造出各种测量工具。测量工具有以下特征：0 刻度线、量程（测量的范围）、分度值（相邻两刻度线之间的长度，它决定测量的精确程度）。我们可以根据对测量结果的要求选择不同的测量工具。

在生活中还有一些这样的场合需要测量长度或者距离，如绕水塘一圈的长度、一个硬币的周长、弯曲水管的长度等，它们的共同特点是测量的长度为曲线长度，我们暂且把这些情况下的距离测量称为曲线距离测量。

要想测量曲线距离就需要一些特殊的工具，生活中，利用没有弹性的绳子测量曲线距离是一种比较快捷方便的方法。此外，通过查找资料，我找到了一篇文章，其中提到了用滚尺测量曲线的长度。滚尺（见图 2-1）是用精度较高的、不易变形的滚轮作为长度基准器，重复使用滚轮的周长去测量物体的长度，通过计数器数轮上的数字来显示测量过程中的数值。

图 2-1　滚尺

实验方案

通过上述分析，我们可以知道滚尺实现距离测量的原理是通过圈数与滚轮周长相乘得到它所行驶的距离，表达式如下：

$$距离 = 圈数 × 滚轮周长$$

$$滚轮周长 = π × 直径$$

滚尺每次走完的路程不一定是周长的整数倍，如果还能将每圈路程进一步细化成每一小段距离，那么测量的距离将会更加准确。表达式如下：

$$圈数 = 总计数值（count）÷ 每圈的脉冲数$$

这里可以将“每圈的脉冲数”简单地理解为滚尺走一圈，传感器感应到的次数。距离表达式还可以演变成：

$$距离 = 总计数值（count）÷ 每圈的脉冲数 × 滚轮周长$$

从表达式中可以知道，最关键的两个数值是滚轮周长和计数值，滚轮周长可以通过直径求出，计数值需要通过传感器来测得。

分析到目前为止，方案确定的关键在于传感器的选型。传感器需要满足的特点是能够实现 360° 旋转，能够计数，并且可以分辨是顺时针还是逆时针旋转。可以选用的器材有 360° 旋转编码器、带编码器的直流减速电机。从经济成本和实现难易程度综合考虑，最后决定选用 360° 旋转编码器（见图 2-2），其特点就是成本比较低，性能基本可以满足实验需求。

图 2-2　360° 旋转编码器

本次实验方案的主控板可以选择 Arduino 系列主控板和掌控板，原理是一样的，我们可以先利用 Arduino 去实现功能，然后再移植到掌控板上（掌控板是我国自主研发的一款教具），掌控板自带 OLED 屏，可以更加直观地显示。

基本方案确定后，看一下完成本次实验所使用的装置。

设计制作

本装置具有以下特色：

◆ 低成本，简单易用；

◆ 可编程，有丰富的创造空间；

◆ 可实时保存实验数据，保证数据的准确性。

制作曲线测量装置所需的材料见表 2-1。

结构设计

打 开 LaserMaker 软 件 设 计 图纸，其中测量曲线距离的滚轮直径为 5cm，采用激光切割加工 2.5mm 厚的奥松板。需要注意的是，设计图纸时提前预留滚轮的刻度盘、360° 旋转编码器的安装孔位，设计好的图纸如图 2-3 所示，切割完成的实物如图 2-4 所示。

表 2-1　材料清单

序号	名称	数量	说明
1	掌控板	1个	主控板
2	百灵鸽扩展板	1个	离线供电使用，连接传感器
3	360° 旋转编码器	1个	计数
4	2.5mm 厚奥松板	1块	使用激光切割机按图加工
5	杜邦线	若干	连接传感器
6	螺栓螺母紧固件	若干	固定结构
7	锂电池	1个	掌控板供电
8	DC 充电接口	1个	锂电池供电
9	开关	1个	电源开关
10	下载线	1根	下载程序使用

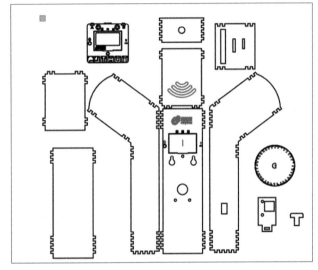

图 2-3　曲线测量装置设计图

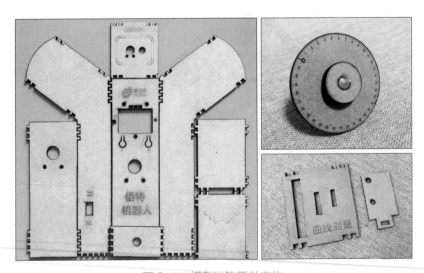

图 2-4　切割后的零件实物

电路设计

图 2-5 所示为传感器接线图，360° 旋转编码器接掌控板的 P14、P15、P16 引脚。开关、充电电路接线示意图如图 2-6 所示。

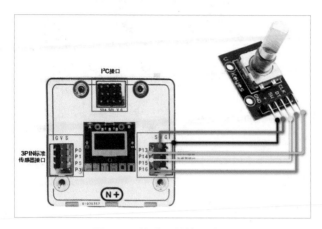

图 2-5　传感器接线示意图

图 2-6　开关、充电电路接线示意图

组装

（1）我们将 360° 旋转编码器和滚轮按图 2-7 所示的方法安装在一起。

（2）接着，将 360° 旋转编码器和滚轮与前面板安装在一起，组成一个曲线测量模块，如图 2-8 所示。

（3）然后，将掌控板及扩展板安装在正面的面板中，DC 充电接口安装在底部，如图 2-9 所示，

图 2-7　在 360° 旋转编码器上安装滚轮

我们增加一根充电的电源延长线将 DC 充电接口与扩展板连接，方便给锂电池充电。图 2-10

图 2-8　曲线测量模块

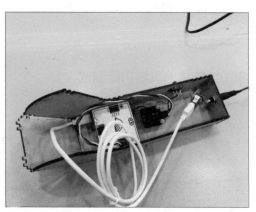

图 2-9　安装掌控板、扩展板及 DC 充电接口

所示为安装好的开关及 DC 充电接口。

（4）最后，将上一步安装的部分与曲线测量模块组合在一起，如图 2-11 所示。本次实验装置的整体外观如图 2-12 所示。

原理分析

生活中的旋转编码器

说到旋转编码器，单纯看外形会觉得陌生，其实在生活中它是很常见的。比如十几年前的台式机 CRT 显示器，调整显示器的时候，通过转动圆盘结合点击的方法就可以实现选择菜单和修改设置项的值，比多个按钮的方式方便很多。常见的还有鼠标中间的滚轮，同样采用旋转 + 点击的操作方法，只是方向不同，它也是旋转编码器。

本次用到的 360° 旋转编码器有 5 个引脚，分别是 VCC、GND、SW、CLK、DT。其中 VCC 和 GND 用来接电源和地，其他引脚按缩写理解，SW 是 Switch（开关）、CLK 是 Clock（时钟）、DT 是 Data（数据）。

360° 旋转编码器的操作是旋转和按压转轴，在按下转轴的时候，SW 引脚的电平会变化；旋转转轴时每转动一步，CLK 和 DT 的电平会有规律地变化。在只接电源的情况下，先测一下进行各种操作时引脚电平的变化。

360° 旋转编码器功能测试

1. 360° 旋转编码器SW引脚测试

我们使用 Mixly 编程环境，主控板选择 Arduino Nano 进行检测。方法是设置连接 SW 的引脚为 INPUT 并设置输出信号为高电平，检测到引脚为低电平时表示转轴被按下，图 2-13 中的程

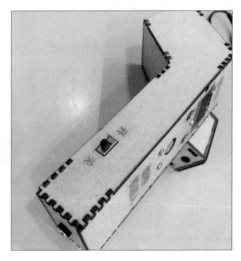

图 2-10　开关及 DC 充电接口

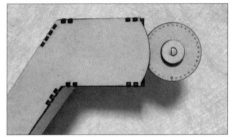

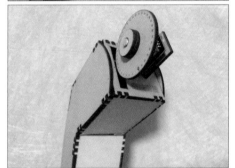

图 2-11　与曲线测量模块组合

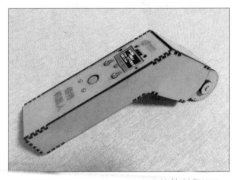

图 2-12　曲线测量装置整体外观

序可以用来检测引脚的变化。其中360°旋转编码器SW引脚接Arduino Nano的3号数字引脚。

结果：360°旋转编码器的转轴被按下时的状态为低电平，也就是"0"；被松开时的状态为高电平，也就是"1"。

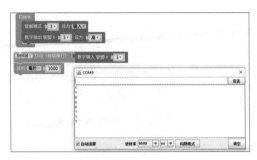

图2-13　360°旋转编码器SW引脚测试

2. 360°旋转编码器CLK、DT引脚测试

万用表红线接CLK引脚、黑线接GND引脚，每旋转一次转轴（和方向无关），引脚电平转换一次。万用表红线接DT引脚、黑线接GND引脚，变化情况相同，并且CLK和DT引脚的电平保持一致。

万用表红线接VCC引脚、黑线接CLK引脚，万用表红线接VCC引脚、黑线接DT引脚，也是同样的情况。

万用表红线接CLK引脚、黑线接DT引脚或者黑线接CLK引脚、红线接DT引脚时，每次旋转转轴（和方向无关），指针都会轻微摆动然后归零，并且相邻两次转动的指针摆动方向相反。

结论：每次旋转CLK和DT引脚的电平都会变化，电平变化有时间差，但无法区分360°旋转编码器的旋转方向。

编写程序进行测试，读取CLK和DT引脚的值。360°旋转编码器的SW引脚接Arduino Nano的3号数字引脚，CLK引脚接2号数字引脚，DT引脚接4号数字引脚，如图2-14所示。

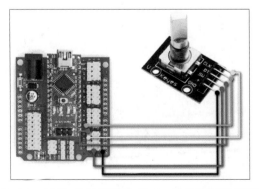

图2-14　360°旋转编码器CLK、DT引脚测试接线图

　　程序中为了方便记录旋转时的电平值，我们使用中断模块（见图 2-15），中断顾名思义就是在检测到有信号的时候才会做出响应，中断模块分为硬件中断模块和软件中断模块，我们使用硬件中断功能，参考程序如图 2-16 所示。

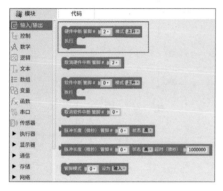

图 2-15　硬件中断模块

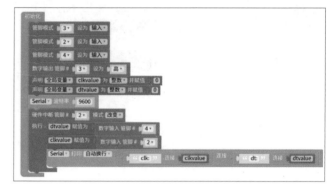

图 2-16　360°旋转编码器 CLK、DT 引脚测试程序

　　运行程序观察结果，顺时针和逆时针旋转时的测试结果分别如图 2-17、图 2-18 所示。

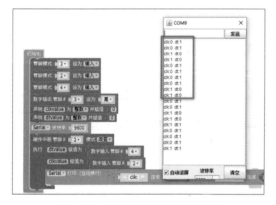

图 2-17　顺时针旋转的测试结果

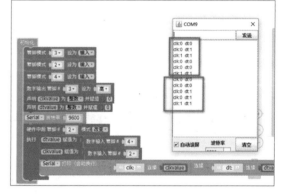

图 2-18　逆时针旋转的测试结果

　　根据以上测试结果可以看出，每旋转一次，触发的中断次数不一致，可能是硬件本身抖动引起的，多次测试之后，查看每次变化的最后一组值，顺时针旋转时 CLK 和 DT 引脚的值不一致，逆时针旋转时 CLK 和 DT 引脚的值一致。从电平数值中总结一下就是：顺时针旋转，01 开始，10 结束；逆时针旋转，00 开始，11 结束。

　　通过简单的测试，我们大致可以知道 360°旋转编码器的工作原理是判断 CLK 和 DT 引脚的电平值来确定它是顺时针还是逆时针旋转。如果能在此基础上实现计数就完成了本次任务。

　　接着我们修改程序，顺时针旋转时计数值加 1，逆时针旋转时计数值减 1，按下转轴时计数值清零。此时顺时针和逆时针旋转时的测试结果分别如图 2-19、图 2-20 所示。

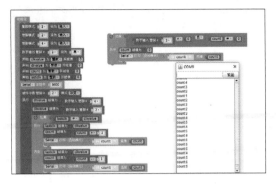

图 2-19　修改程序后顺时针旋转的测试结果

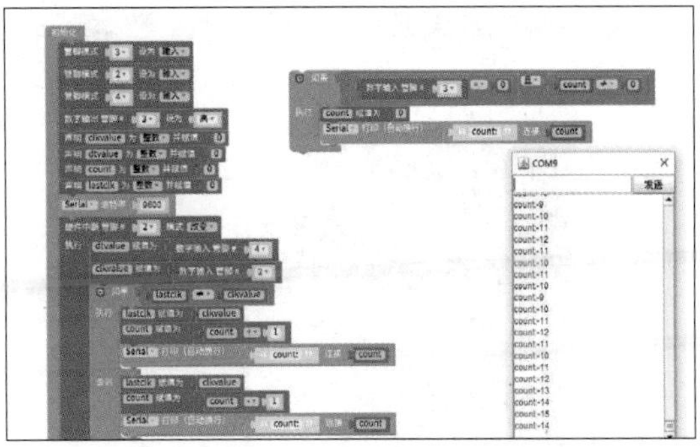

图 2-20　修改程序后逆时针旋转的测试结果

360°旋转编码器转轴被按下后计数值会清零，结果如图 2-21 所示。

通过上述测试发现大多数时候可以正确输出，偶尔会出现跳动的情况。分析原因，应该是转动一下 360°旋转编码器，就会产生多次中断事件，所以才造成上述程序测试时的值跳动或者多次变动。查找其中的规律，如果是逆时针旋转，检测到 00 就可以认为开始转动；接下来的数据中如果有 11，则认为正在转动；后面的数据中如果有 00，就认为上一次转动结束，开始下一次转动。顺时针旋转的规律类似。根据分析编写最终程序，如图 2-22 所示。

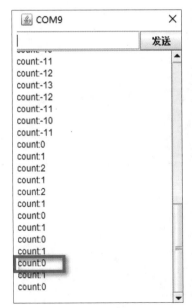

图 2-21　360°旋转编码器转轴被按下时计数值清零

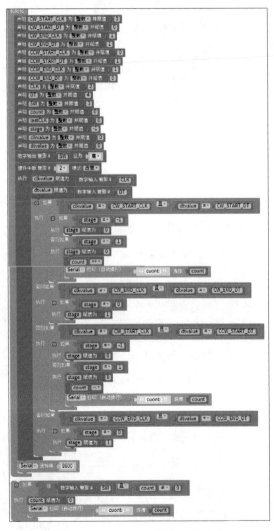

图 2-22　Arduino 版本最终程序

最后测试结果如图 2-23 所示，数据基本准确，可以尝试将其移植到掌控板中进行测试了。

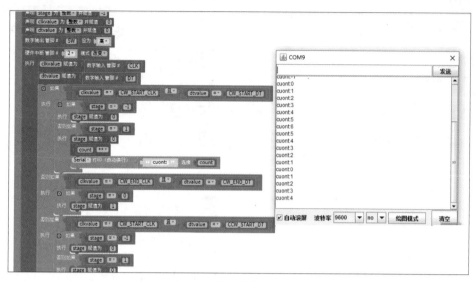

图 2-23　测试结果

程序设计

掌控板程序同样用 Mixly 编写，打开软件，主控板选择 Arduino HandBit。需要注意的是，掌控板的中断引脚选用的是 P14，360°旋转编码器 SW、CLK、DT 引脚连接掌控板的 P15、P14、P16 引脚。

掌控板的最终程序如图 2-24 所示，这里用到了前文中提到的表达式：

距离 = 总计数值（count）÷ 每圈的脉冲数 × 滚轮周长

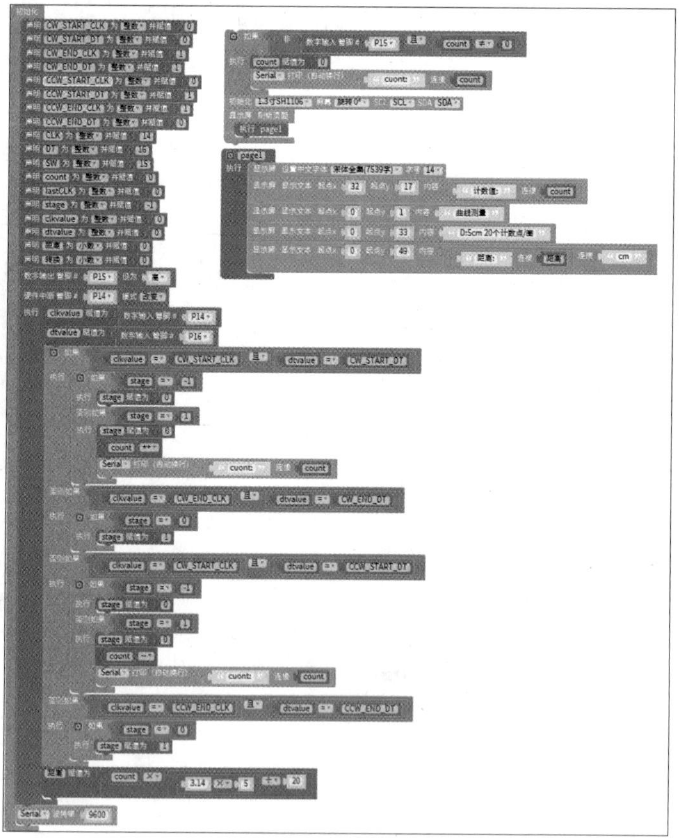

根据官方提供的数据，360°旋转编码器每圈的脉冲数为 20，这里的脉冲也就是上面提到的方波，通俗地讲就是 360°旋转编

图 2-24　掌控板最终程序

码器每转一圈会记录 20 个数据，我们已知滚轮的直径为 5cm，根据每圈的脉冲数和总计数值就可以求出距离。

实验过程

课程导入

同学们在学习生活中用过各种各样的尺子来测量长度，生活中还有一些特殊的几何形状物体，由曲线、曲面、锥体、圆柱体等组成。比如想要知道家中炒菜用的铁锅，锅边到锅底这段圆弧的长度，用直尺测量就比较困难了。再比如测量一个 8 字巡线图纸，同样也需要特殊的测量工具。为了方便、准确地知道这部分特殊形状物体的长度，我们可以采用类似于滚尺的数字化测量工具来完成实验。

实验活动

利用 360° 旋转编码器测量曲线距离。

实验准备

曲线测量装置一个，8 字巡线图纸一张（见图 2-25）。

图 2-25　8 字巡线图纸

实验步骤

（1）将程序上传到掌控板，掌控板连接 360° 旋转编码器。

（2）将曲线测量装置的滚轮 0 刻度线对准要测量的物体。

（3）匀速推动曲线测量装置，当 0 刻度线经过物体末端时拿起装置。

（4）记录 OLED 屏上显示的数据。

（5）重复上述步骤，多测几次取平均值。

实验结论

为了得到准确的实验数据，对测量物体多次测量取平均值，并记录在表 2-2 中，我们可以选择测量家中的炒锅和 8 字巡线图纸。实验中的某次结果如图 2-26 所示。

表 2-2　测量记录表

测量对象	1	2	3	4	5	平均值
炒锅						
8 字巡线图纸						

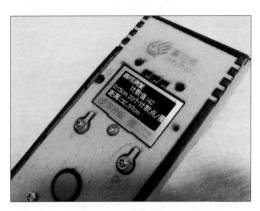

图 2-26 测量结果显示在掌控板中

通过以上实验可以得出结论：在一些非精确要求测量的场合，360°旋转编码器可以实现曲线长度测量。

课堂讨论

在实验测量的过程中存在哪些误差？可以采取什么方法避免这样的误差来提高实验数据的准确性？

结论

本实验装置主要使用了掌控板和传感器，和其他测量装置相比，成本低；结构器材采用激光切割的奥松板，可操作性强；实验操作简单快捷，数据采集方便直观。通过教室演示和学生自主探究，可增强学生对本节内容的学习和理解。

总结

在本次实验过程中偶尔会出现数据跳动后清零的现象，推测可能是因为行驶过程中滚轮触发了转轴，结构设计还有改进空间。本次传感器的选择本着低成本的原则，后续改进还可以选择更加精确的测量传感器，提高数据的准确性。另外本次利用360°旋转编码器测量曲线距离的实验是作为科学课堂实验装置的创新，不作为真实场景的测量工具。

相信你掌握了旋转编码器的使用方法，一定会想到很多有创意的应用场景，赶快去试试吧，造物让生活更美好！

打开核桃的力量

　　某一天夜里，我伏案疾书，看到桌上放着诱惑了我多日的核桃，便想把它收入腹中。奈何没有夹核桃的工具，用锤子砸核桃的声音又难免影响他人，于是我突发奇想用台虎钳（见图 3-1）试了一下，轻松就打开了核桃，真是太爽了。打开核桃的方式多种多样，但打开一个核桃到底需要多大的力量呢？这是我想要一探究竟的问题，因此我制作了一个可以打开坚果并测量打开坚果所需力量的装置。这次的作品可以应用于中小学生的科学实验中。

　　为了精准量化打开坚果的力量，我选择用传感器来测量数值。对于传感器的选择，我比较了两款传感器——电阻式压力传感器和质量传感器，如图 3-2 所示。

　　其中电阻式压力传感器的工作原理为当感应区受压时，在底层彼此断开的线路会通过顶层的压敏层导通，电阻输出值会随着压力的变化而变化，压力越大，电阻越小。即在不同压力的情况下，传感器电阻值不一样，当受到的压力过大或者过小时，电阻值的斜率也会过大或者过小。电阻式压力传感器较适合用于定性测量，因为在定量测量时可能会出现数据误差太大的情况。

图 3-1　台虎钳

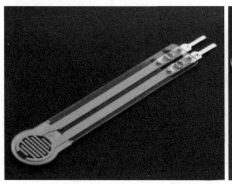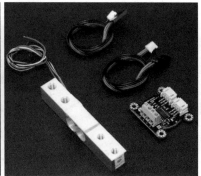

图 3-2　电阻式压力传感器（左）和质量传感器（右）

质量传感器也称作称重传感器，它由弹性体、电阻应变片和检测电路组成。通常电阻应变片会被粘贴在弹性体的表面，弹性体在外力的作用下会产生弹性形变，同时带动粘贴在它表面的电阻应变片也产生形变，电阻应变片产生形变后，阻值会发生变化，具体表现为：物体质量越大，弹性体产生的形变越大，电阻应变片的电阻值也会随之增大；相反，物体质量越小，弹性体产生的形变越小，电阻应变片的电阻值也越小。质量传感器会通过相应的电路将电阻应变片的阻值转换成电信号输出。由此我们可知，质量传感器能够感知它所承载的物体的质量，且质量与电阻应变片的阻值成正比。我们将此处物体的质量换成挤压某种坚果外壳的力量，使用质量传感器也同样可以反映出打开坚果过程中力量的变化。因此，我使用量程为 5kg 的质量传感器作为测量传感器，选用适合学生上手的、自带屏幕和联网功能的掌控板作为主控板，参考台虎钳的结构来设计本次作品的机械结构。此处，我采用了丝杆、法兰、T 型丝杆转换块、手轮等来模拟台虎钳的机械结构，机械结构零件如图 3-3 所示。参考表 3-1 所示的材料清单，准备好所需的硬件和机械部件后，我们就可以展开制作了。

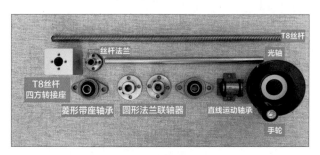

图 3-3　机械结构零件

表 3-1　材料清单

序号	名称	数量
1	掌控板及其扩展板	1 套
2	质量传感器及转接模块	1 套
3	T8 丝杆（30cm）	1 根
4	光轴（直径 8mm，长 20cm）	1 根
5	T8 丝杆法兰	1 个
6	T8 丝杆四方转接座	1 个
7	手轮（直径 63mm）	1 个
8	菱形带座轴承	2 个
9	圆形法兰联轴器	2 个
10	直线运动轴承	1 个
11	五金件、导线、螺栓	若干
12	6mm 厚奥松板	若干

结构设计

我设计将所有部件放置在一块板子上。为了保证装置的强度，这块板子我选用 6mm 厚的奥松板。我将掌控板固定在一个云朵造型的奥松板上，用轴承将光轴固定在竖板上，并参考图 3-4 所示的质量传感器安装示意图和其他材料的尺寸设计了一个可以竖起来安装质量传感器的装置结构，结构的设计图纸如图 3-5 所示，使用激光切割机切割出来的实物如图 3-6 所示。

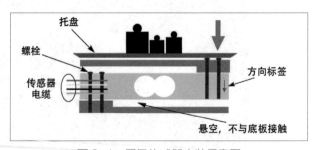

图 3-4　质量传感器安装示意图

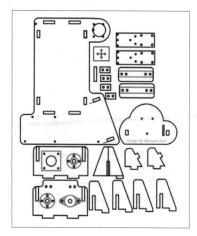

图 3-5　结构设计图纸

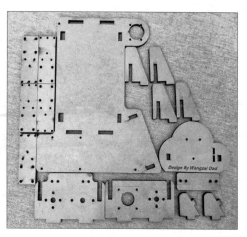

图 3-6　使用激光切割机切割出来的实物

电路设计

图 3-7 所示为本装置的电路连接示意图，我们只需将质量传感器的 DOUT、SCK 引脚与掌控板的 P0、P1 引脚连接即可。

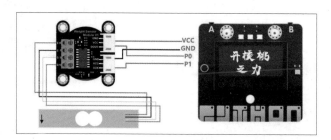

图 3-7　电路连接示意图

组装步骤

（1）使用 3 颗直径为 3mm、长度为 15mm 的螺栓将掌控板固定在云朵造型的木板上，然后将两个支架安装在云朵造型的木板的背面，接着将组装好的云朵造型木板、掌控板和支架安装在 6mm 厚的底板上（见图 3-8）。

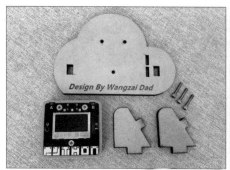

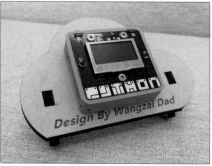

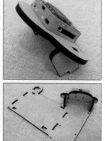

图 3-8　固定掌控板并组装云朵造型的木板和底板

（2）用 4 颗直径为 4mm、长度为 30mm 的螺栓固定垫片与质量传感器（见图 3-9）。

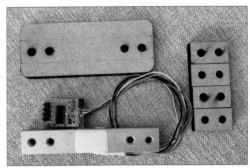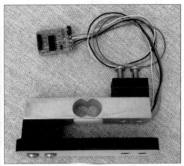

图 3-9　固定垫片与质量传感器

（3）使用直径为 4mm 的螺栓将菱形带座轴承和圆形法兰联轴器固定在竖板上，其中，图中红框内的竖板是用来安装质量传感器的（见图 3-10）。

图 3-10　固定轴承和法兰联轴器

（4）将质量传感器安装在竖板上，并将两块竖板安装在底板上（见图 3-11）。

图 3-11　安装质量传感器并拼装竖板

（5）组装 T8 丝杆法兰、直线运动轴承和四方转接座（见图 3-12）。

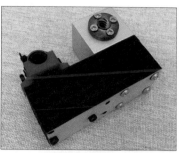

图 3-12　组装 T8 丝杆法兰、直线运动轴承和四方转接座

（6）组装 T8 丝杆、光轴、手轮及上一步中组装完成的模块（见图 3-13）。

图 3-13　组装 T8 丝杆、光轴、手轮及上一步的模块

（7）使用 4 块三角形竖板固定装置，并按照电路连接示意图连接电路，完成对整个装置的组装（见图 3-14）。

图 3-14　连接电路并完成组装

程序设计

整个装置的程序部分，我们使用 Mixly 软件来完成。我们首先在软件中选择 Arduino HandBit 主控板，接着在传感器分类中选择 "Hx711 称重模块读取重量 (g) Dout# ×× SCK # ×× 比例系数 ××" 积木，并将积木中的参数设为 P0、P1 和 1992。然后编写图 3-15 所示的测试质量传感器是否可以正常使用的程序，并单击 Mixly 软件右下方的串口监视器查看测试结果。

Serial ▼ 打印 自动换行 ▼ ｜ Hx711 称重模块读取重量(g) Dout# P0 ▼ SCK# P1 ▼ 比例系数 1992

图 3-15　测试质量传感器是否可以正常使用的程序

使用不同力量用手按压质量传感器的测试结果如图 3-16 所示，这意味着质量传感器可以正常使用。接着我们继续编写程序，让掌控板板载的屏幕可以显示质量传感器测得的数据，参考程序如图 3-17 所示，这里我们使用一个小数类型的变量 POWER 来存放读取到的数据，为了提高程序的运行效率，我们增加了一个简单的定时器模块，让质量传感器每隔 3s 测量一次数据。将此部分程序下载到掌控板后，掌控板板载屏幕的显示效果如图 3-18 所示。

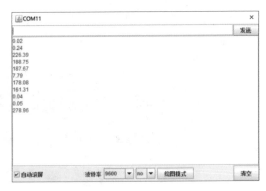

图 3-16　串口监视器中的数据

到目前为止，我们已经实现了实时检测，如果能将测量的数据保存下来将会更有利于开展科学实验。因此，我们在程序中增加一个用于保存数据的数组，数组的项目数可通过图 3-19 所示的方法自由增加。

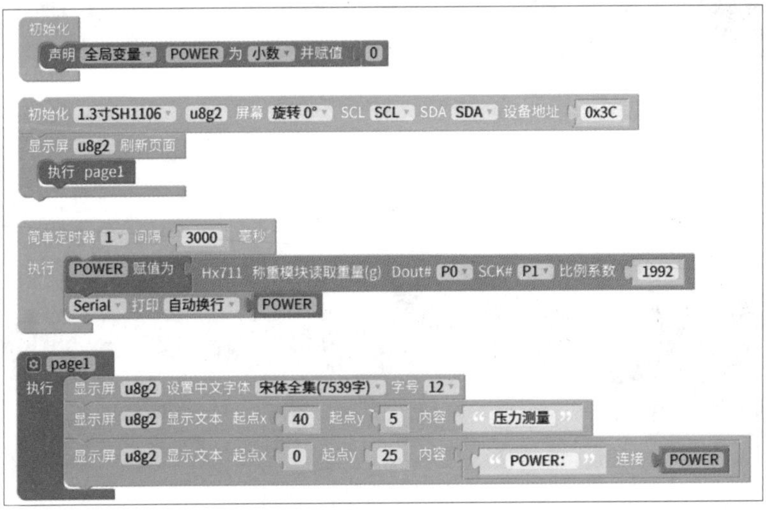

图 3-17　在掌控板板载屏幕上显示数据的参考程序

图 3-18　掌控板板载屏幕的显示效果

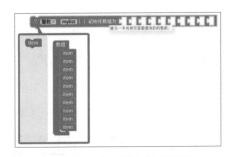

图 3-19　增加数组的项目数

然后我们在原来的程序上进行修改，将测量到的数据加入数组中，程序中整数型变量 count 用来作为数组的项目序号。通过运行程序，我们会发现，数组会很快地存满数据。那么如何解决这个问题呢？我们可以通过图 3-19 所示的方法增加项目数，也可以设置当按下掌控板上的按键 A 时，开始测量数据；当再次按下掌控板上的按键 A 时，停止测量数据，这样数据就是可控的了，而不是一给掌控板通电，就开始测量数据。因此，我们在程序中使用一个整数类型的变量 flag 作为判断依据，每按下一次按键 A 时，flag 的数值就加 1，通过判断 flag 值的奇偶性来判断测量是否进行。此处为了能更明显地显示装置的使用状态，加入一个字符串变量 status。修改后的参考程序如图 3-20 所示，显示效果如图 3-21 所示。

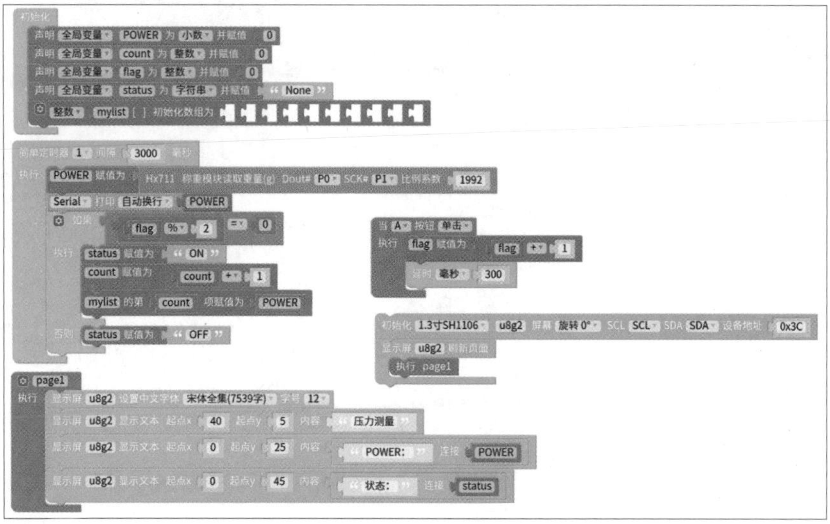

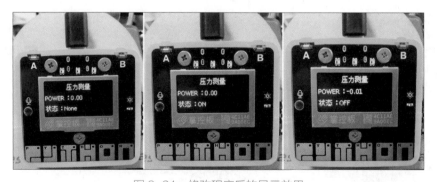

图 3-20　修改后的参考程序

图 3-21　修改程序后的显示效果

其实，我们不仅可以把数据保存在数组中，也可以将数据发送到串口监视器中直观地显示出来，还可以将测量的数据清空。我们设置当按下掌控板的按键 B 时，将测量到的数据发送到串口监视器并显示出来；当触摸掌控板的按键 P 时，清空数据，参考程序如图 3-22 所示。打开串口监视器的绘图模式，按下按键 B 时，会看到图 3-23 所示的效果。

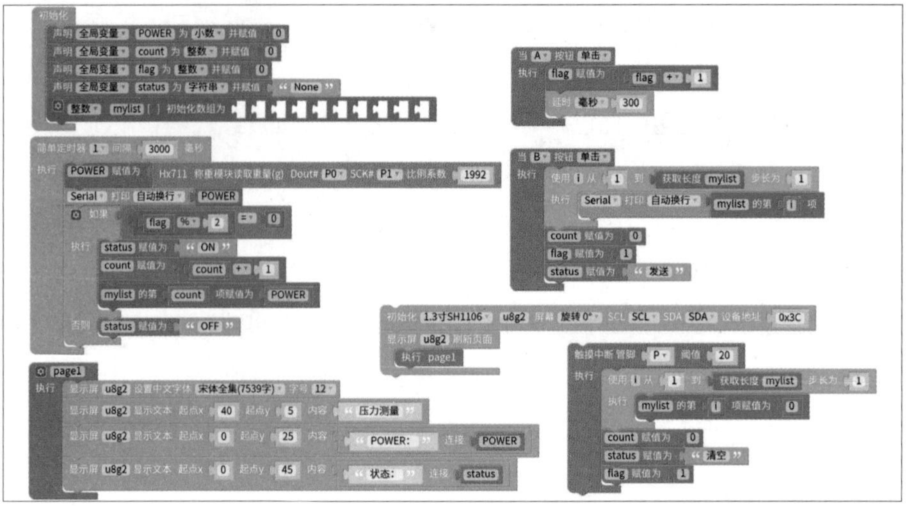

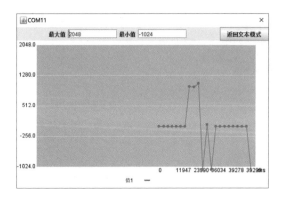

图 3-22　增加将数据发送到串口监视器及清空数据功能的参考程序

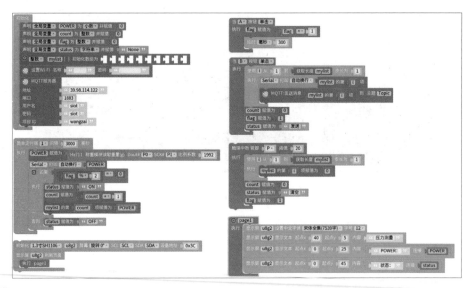

图 3-23　串口监视器显示测量数据并绘制折线图

如果我们想测量打开不同坚果的力量并保存这些数据，我们还可使用 SIoT 物联网平台，参考程序如图 3-24 所示。运行程序，在计算机的浏览器中输入 MQTT 服务器的地址，即可跳转到登录页面，根据页面提示登录账号，并单击"设备列表"，输入项目 ID，即可查看数据，如图 3-25 所示。

图 3-24　连接 SIoT 物联网平台的参考程序

图 3-25　在 SIoT 物联网平台查看到的数据

科学实验

实验内容

（1）测量打开核桃需要的力量。

（2）测量打开花生需要的力量。

（3）测量打开巴旦木需要的力量。

实验方法

（1）将待测量的坚果放入测量装置。

（2）转动手轮夹紧待测量的坚果。

（3）按下掌控板的按键 A 记录测量数据。

（4）持续转动手轮直至坚果的壳破碎。

（5）按下掌控板的按键 B，将数据发送到串口监视器及 SIoT 物联网平台。

（6）查看记录的数据。

实验过程

按照实验方法分别将核桃、花生、巴旦木放入测量装置，如图 3-26 所示。在 SIoT 物联网平台查看数据（见图 3-27 ～图 3-29），并保存串口监视器中绘图模式下绘制的折线图（见图 3-30 ～图 3-32）。

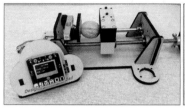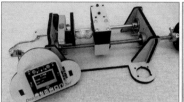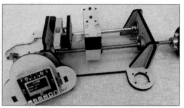

图 3-26　将核桃、花生、巴旦木放入测量装置

Topic	消息	时间
wangzai/Topic	5.81	2021-08-21 15:30:53
wangzai/Topic	285.48	2021-08-21 15:30:53
wangzai/Topic	907.10	2021-08-21 15:30:53
wangzai/Topic	1333.96	2021-08-21 15:30:53
wangzai/Topic	1061.04	2021-08-21 15:30:53
wangzai/Topic	803.98	2021-08-21 15:30:53
wangzai/Topic	1032.84	2021-08-21 15:30:53
wangzai/Topic	783.42	2021-08-21 15:30:53
wangzai/Topic	238.27	2021-08-21 15:30:53
wangzai/Topic	4.60	2021-08-21 15:30:53
wangzai/Topic	9.31	2021-08-21 15:30:53
wangzai/Topic	178.57	2021-08-21 15:30:53
wangzai/Topic	181.66	2021-08-21 15:30:53

图 3-27　SloT 物联网平台中存储的打开核桃的
　　　　　力量的数据

Topic	消息	时间
wangzai/Topic	0.00	2021-08-21 15:25:19
wangzai/Topic	0.00	2021-08-21 15:25:19
wangzai/Topic	0.00	2021-08-21 15:25:19
wangzai/Topic	0.00	2021-08-21 15:25:19
wangzai/Topic	0.00	2021-08-21 15:25:19
wangzai/Topic	0.00	2021-08-21 15:25:19
wangzai/Topic	0.00	2021-08-21 15:25:19
wangzai/Topic	0.05	2021-08-21 15:25:19
wangzai/Topic	0.07	2021-08-21 15:25:19
wangzai/Topic	25.13	2021-08-21 15:25:19
wangzai/Topic	645.24	2021-08-21 15:25:19
wangzai/Topic	122.67	2021-08-21 15:25:19
wangzai/Topic	71.80	2021-08-21 15:25:19

图 3-28　SloT 物联网平台中存储的打开花生的
　　　　　力量的数据

Topic	消息	时间
wangzai/Topic	9.88	2021-08-21 15:38:48
wangzai/Topic	0.06	2021-08-21 15:38:48
wangzai/Topic	0.07	2021-08-21 15:38:48
wangzai/Topic	0.06	2021-08-21 15:38:48
wangzai/Topic	1.11	2021-08-21 15:38:48
wangzai/Topic	218.68	2021-08-21 15:38:48
wangzai/Topic	716.22	2021-08-21 15:38:48
wangzai/Topic	814.23	2021-08-21 15:38:48
wangzai/Topic	845.58	2021-08-21 15:38:48
wangzai/Topic	522.72	2021-08-21 15:38:48
wangzai/Topic	135.42	2021-08-21 15:38:48
wangzai/Topic	0.47	2021-08-21 15:38:48
wangzai/Topic	0.05	2021-08-21 15:38:48

图 3-29　SloT 物联网平台中存储的打开巴旦木的
　　　　　力量的数据

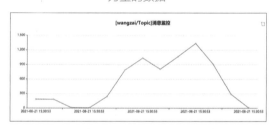

图 3-30　串口监视器中绘图模式下打开核桃的
　　　　　力量的数据折线图

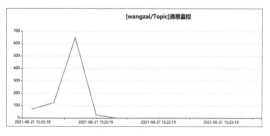

图 3-31　串口监视器中绘图模式下打开花生的力
　　　　　量的数据折线图

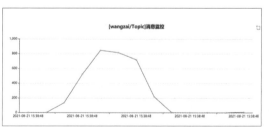

图 3-32　串口监视器中绘图模式下打开巴旦木的
　　　　　力量的数据折线图

实验结果分析

通过对数据进行分析、比较，我们可以看出打开核桃的力量呈线性变化，在打开之前呈上升趋势，打开后呈线性下降趋势，最大值为 1333.96g；打开花生的力量呈线性变化，在打开之前呈上升趋势，打开后呈线性下降趋势，最大值是 645.24g；打开巴旦木的力量呈线性变化，在打开之前呈上升趋势，打开后呈线性下降趋势，最大值是 845.58g。当然，克不是力的单位，"克力"也不是国际单位制单位，我们还要通过 $F=mg$ 来换算打开坚果的力实际是多少牛顿。通过对比打开 3 种不同坚果的数据，可以发现核桃的壳最硬，打开时所需的力气也是 3 组中所需最大的；打开花生所需要的力气最小。

总结

到此为止，本次的科学实验就完成了，不知道大家是否好奇为什么要将质量传感器纵向放置？这是因为如果横向放置质量传感器（即装置竖向放置），质量传感器中的电阻应变片除了会因挤压力量产生形变，还会因坚果自身的质量产生形变。希望有兴趣的小伙伴一起来感受这个装置带来的力量，造物让生活更美好！

第 2 篇

激光造物与电子乐器

本篇的项目与艺术相关，通过学习激光切割技术并深入应用，我们可以打造属于自己的乐队。

04 手工制作的炫彩电子琴

很早之前我就和创客圈的朋友们团购了可以制作乐器的 CocoTouch 主控板，最近一段时间又看上了好好搭搭的 MIDI 音乐模块，两个模块都可以制作乐器。我看到很多老师制作出了漂亮的作品，有电子琴、架子鼓等，结合网络上各种作品的思路，最终决定先制作一架电子琴，后面再制作架子鼓和吉他组成乐队。钢琴"音乐之王"的称号是毋庸置疑的，相信每个人都有一个乐器梦，从小就希望自己能够像舞台上的演奏者一样吸引无数观众的目光，但钢琴昂贵的价格又让人望而却步，制作一架性价比极高的电子琴显得尤为必要。而且钢琴是不方便移动的，电子琴方便携带，随时随地可以演奏。本作品可以像钢琴一样弹奏，同时也增加了扬声器外放、可充电、灯带显示等功能。本文会分别利用两种不同的芯片展示制作的过程。

制作所需的部分材料如表 4-1 和图 4-1 所示。

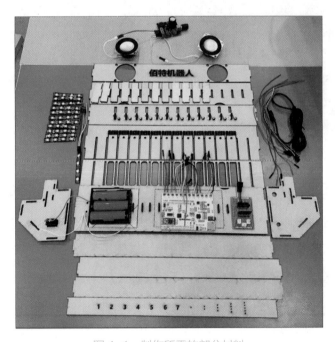

图 4-1 制作所需的部分材料

表 4-1 材料清单

序号	名称	数量
1	CoCoTouch 主控板或 Arduino Nano 主控板加 MIDI 音乐模块	1 套
2	WS2812 灯带	1 条
3	功放板	1 个
4	扬声器	2 个
5	限位开关加电阻	12 组
6	18650 锂电池	3 个
7	3.5mm 音频线	1 根
8	开关	1 个
9	杜邦线、导线	若干
10	3mm 厚奥松板	若干
11	2mm 厚亚克力透光板	若干
12	电源和转接模块	1 个

图纸设计

利用 AutoCAD 软件设计图纸，采用激光切割机加工 3mm 厚奥松板，图纸如图 4-2 所示。

可拆卸主板和电池底板设计

为了方便重复利用主板和给电池充电，我构思了插销式的拆卸结构和合页结构（见图 4-3）。有的小伙伴可能会问，板子下边的两个小圆弧是起什么作用的？这是为了留出空间，方便安装扬声器模块。需要提醒大家的是要在合页连接的板子中间留有间隙，方便开合，家里的门也是一样的道理。

这个作品的特点是便携、可以随处演示、可充电、不需要外接音箱，电源采用了 3 节 18650 锂电池（见图 4-4）。

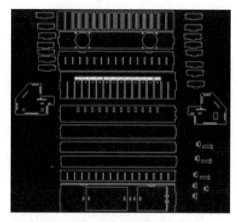

图 4-2　激光切割图纸

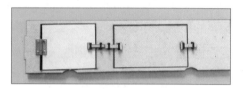

图 4-3　插销件方便拆卸主板，合页结构
方便拿取电池充电

图 4-4　3 节 18650 锂电池通过降压模块给主控板和功放板供电

CoCoTouch 方案

调试作品时一定要注意主控板不要和其他金属部件接触，防止短路，或者你可以用木板将其隔离开。我就是不小心把螺丝掉落在主控板上导致短路，所以作品拖了很久才完工。

连接琴键的 12 根导线是我精挑细选的，为了避免大家踩坑，我强调一下要注意的地方：一定不要用廉价的杜邦线，尤其是这种需要触摸的场合。检验杜邦线的好坏可以用磁铁去吸，如果能吸住，质量应该不好。我刚开始时就是用廉价的杜邦线连接的，用手去触摸外面的绝缘皮都可以有信号，查找很久才发现是线的原因。

　　为了方便接线和重复利用板子，这里单独设计了一个方便快速拆装电路的模块，主要涉及一进（3 节 18650 电池供电）两出（给功放板和主控板供电）的电源模块和触控按钮的转接排针（见图 4-5）。CoCoTouch 方案制作完成如图 4-6 所示。

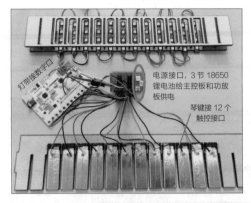

图 4-5　触摸式琴键与灯带的连接；中间有　　　　图 4-6　CoCoTouch 方案制作完成
　　　　个方便快速拆装电路的模块

Arduino Nano 加 MIDI 音乐模块方案

　　我采用 Arduino Nano 加扩展板作为第二套方案的主控，性价比比较高，通用性更强。Arduino 相信大家都用过，这里就不再详细叙述。MIDI 音乐模块接 Arduino Nano 的数字信号口就可以，这里利用了 12 个限位开关作为电子琴的按键，Arduino Nano 的数字信号口基本上用完了，所以用 A0 口作为 MIDI 模块的信号接口，灯带接入 A1 口进行控制（见图 4-7）。限位开关是很普通的器件，这次没有用现成的模块是因为成品模块体积比较大，我在普通的限位开关上焊接了下拉电阻，让信号更加稳定。有的读者可能会有疑问，上面不是利用铜箔胶带作为触摸琴键的吗，为什么又换限位开关了呢？这是两种不同的方案。刚开始我也认为能以触摸方式操作会好一点，后来发现 Arduino Nano 处理触摸按键信号不是很方便，模拟口又比较少，所以换了一种思路，正好把限位开关利用起来，效果是一样的，也是不错的选择。Arduino Nano 加 MIDI 音乐模块方案制作完成如图 4-8 所示。

图 4-7　限位开关与灯带的连接顺序要一一对应　　　图 4-8　Arduino Nano 加 MIDI 音乐模块方案制
　　　　　　　　　　　　　　　　　　　　　　　　　　　　作完成

灯带面板设计

安装灯带时一定要注意顺序，调试好和琴键的对应关系再进行安装，避免返工。焊接灯带的导线我用的是杜邦线，我认为杜邦线不是最好的选择，如果有条件，可以选择质量更好的导线。焊接时注意正负极和信号线一定要接对，注意灯带的箭头朝向。

安装好灯带后，在表面安装2mm厚亚克力透光板制成的白色灯罩，可让电子琴更加美观（见图4-9）。

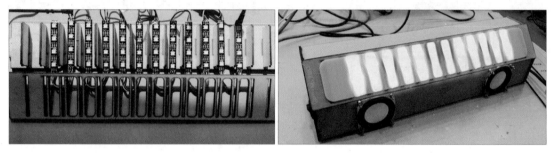

图4-9　灯带面板的镂空部分用于装白色灯罩

琴键部分的柔性连接

每个琴键都有两个特殊的地方，一个是柔性连接部分，另一个是用于连接导线的圆孔（见图4-10）。柔性连接部分安装时要仔细，防止掰断。细心的小伙伴可能会注意到，有的图片中的按键是用导电胶带做的，有的图片中的按键是铜箔做的，实践下来，铜箔的接触性能会好一点，导电胶带有胶的那部分接触导电性能不是太好。在设计图纸中可以看到琴键上的圆孔，其用途是固定螺丝。为了让导线和螺丝良好地接触，我采用了直接将螺丝用焊锡焊接上去的方法，然后打热熔胶防止脱落。

图4-10　琴键的柔性连接部分和用于固定螺丝连接导线的圆孔

弹性按键设计

有的小伙伴可能会问，为什么设计12个按键呢？这是因为CoCoTouch提供了12个触摸引脚，所以设计了12个按键，Arduino Nano加MIDI音乐模块方案也沿用了这个设计。钢琴通常有 88 个按键，如何模拟钢琴那么宽的音域呢？我想了一个方法，默认从左到右的 7 个琴键是 C4 音调，如果按下 8~12 中某一个按键的同时再按下 1~7 中的某个按键，那么就会切换不同的音调，这样就等于有 42 个琴键了。

我用限位开关作为琴键的物理弹性结构（在 Arduino Nano 加 MIDI 音乐模块方案中，这 12 个限位开关还起到了按键作用），安装时要注意限位开关和琴键的距离，距离太小，容易抬高琴键；反之会触碰不到琴键（见图 4-11）。

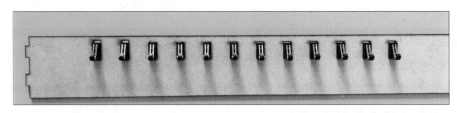

图 4-11　琴键下方的限位开关为琴键提供弹性（在 CoCoTouch 方案中没有信号连接）

扬声器、功放板设计

扬声器、功放板接线一定要注意正负极（见图 4-12）。我发现功放板驱动能力比较强，这个扬声器有点小，功放板有点大材小用了。如果扬声器小，推荐大家买几块钱的 5V 功放板就可以了。

要事先在图纸上预留功放板的音量调节旋钮孔位，另外一个孔位是留给 3.5mm 音频线输出接口的（见图 4-13）。

图 4-12　扬声器、功放板的连接

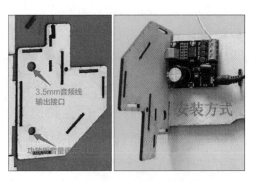

3.5mm 音频线输出接口

安装方式

图 4-13　功放板的安装方式和预留孔位

程序编写

CoCoTouch 方案的编程

先来介绍使用 CoCoTouch 主控板（见图 4-14）的编程方式。CoCoTouch 的核心也是 Arduino，它有 12 个触摸引脚，用来制作乐器是非常方便的，除此之外还有 Arduino 的所有数字引脚和模拟引脚、蓝牙模块和 TF 卡模块可以使用，创新空间还是很大的。

接下来我们正式开始编写程序，程序可以用图形化编程工具编写，也可以用 Arduino IDE 编写。为了让琴键各灯带同步执行，我用 Arduino IDE 编程，图形化编程工具暂时还没有控制 Arduino 的数字、模拟引脚的模块。程序如图 4-15 所示，需要加载 CoCoTouch 的库文件。

Arduino Nano 加 MIDI 音乐模块方案的编程

Arduino Nano 加 MIDI 音乐模块方案使用 Mixly 图形化编程环境编程（见图 4-16、图 4-17），编程前也要先加载一下 MIDI 库文件。

图形化编程用的函数模块可以模拟 42 个音，开机还会有一个小的灯带动画展示，2~13 号数字口分别对应从左到右的 12 个琴键。

总结

电子琴的制作经历了很长一段时间，经历了很多次设计图纸的修改和电路接线的调整。制作过程也是考验一个人综合能力的过程，每次造物都能学到好多东西，这也就是造物的乐趣所在。伙伴们和我一起行动起来吧，造物让生活更精彩！

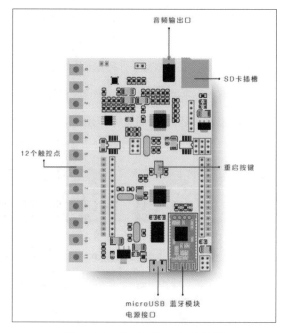

图 4-14　CoCoTouch 主控板

图 4-15　CoCoTouch 方案的程序

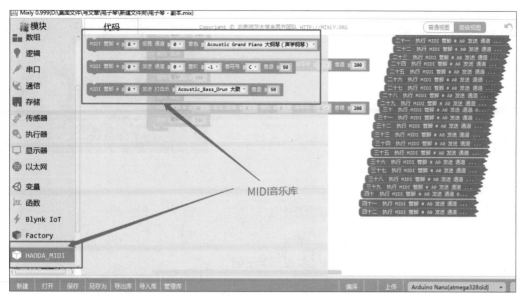

图 4-16 Arduino Nano 加 MIDI 音乐模块方案使用 Mixly 图形化编程环境编程

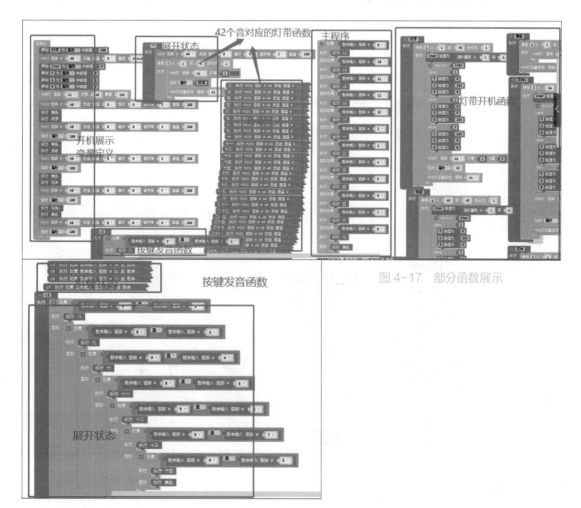

图 4-17 部分函数展示

05 架子鼓

通过前一篇电子琴的制作，原来对乐器没什么兴趣的我现在迫不及待地想要完成接下来的两个作品，这次我们要介绍的就是乐队的第二个成员——架子鼓。说起架子鼓，大家并不陌生，用它击打出的动感节拍，让人不由自主地随之舞动。这次我们计划制作一台节奏感十足的架子鼓，让动感的旋律随处演绎。

本次作品模拟的是真实架子鼓的功能，共设计了 9 个击打单元，与电子琴一样采用 Arduino Nano 主控板和好好搭搭 MIDI 音乐模块进行制作，同样也增加了扬声器外放的功能，具有便携、可充电、灯带显示等特点。

设计制作

制作架子鼓所需材料见表 5-1，部分硬件实物如图 5-1 所示。

表 5-1　材料清单

序号	名称	数量
1	Arduino Nano 及扩展板	1 套
2	MIDI 音乐模块	1 个
3	WS2812 灯环	9 个
4	5V 功放板	1 个
5	扬声器	2 个
6	微动开关	9 个
7	弹簧	9 个
8	1kΩ 电阻	9 个
9	3.7V 锂电池	1 个
10	充放电模块	1 个
11	3.5mm 音频线	1 根
12	电源开关	1 个
13	充电接口	1 个
14	杜邦线	若干
15	螺丝铜柱、螺栓、螺母	若干
16	2.5mm 厚奥松板	若干
17	2mm 厚亚克力透光板	若干
18	电源和转接模块	1 个

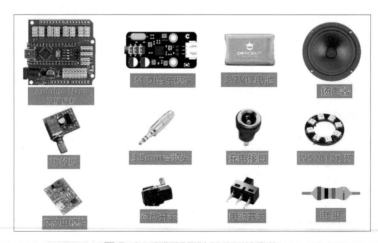

图 5-1　自制架子鼓部分硬件实物

结构设计

在外形结构方面,本次作品并不像真正的架子鼓那样分成几个不同的鼓,而是有整体的外壳,体型也小了许多,只是模拟了真正架子鼓的发音方式。打开 LaserMaker 软件设计图纸,选用 2.5mm 厚奥松板和 2mm 厚亚克力透光板材料,设计好的图纸如图 5-2 所示。

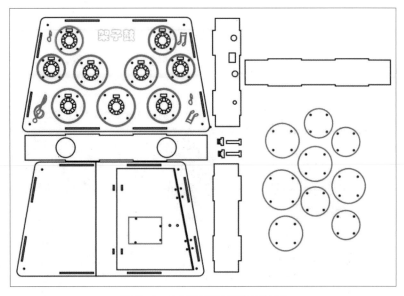

图 5-2　自制架子鼓结构设计图

激光切割加工后的奥松板与亚克力透光板如图 5-3 和图 5-4 所示。

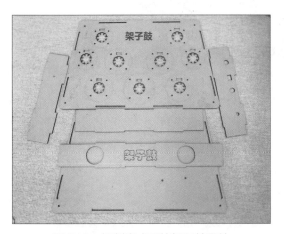

图 5-3　切割完成后的架子鼓零件

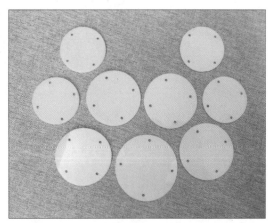

图 5-4　切割后的亚克力透光板

电路设计

架子鼓采用 Arduino Nano 作为主控板,使用 MIDI 音乐模块输出音源。

我们知道架子鼓由 9 个不同的鼓组成,而我们的作品采用的是按键触发的方案来实现,具体就是在 9 个击打单元下面安装微动开关和弹簧，在每个微动开关电路中增加下拉电阻让信号稳定，击打不同的微动开关会发出不同的声音。

同时，为了让作品更加有趣，还加入了灯光效果，将 9 个 WS2812 灯环级联在一起（这里级联的意思是信号线串联，电源线并联），每个灯环和每个击打单元一一对应，实现敲击时灯光变换的效果。

MIDI 音乐模块接 Arduino Nano 的 3 号数字引脚，使用 3.5mm 音频线将 MIDI 音乐模块与功放板连接，作为功放板音源输入，功放板驱动扬声器实现声音播放。

电路接线示意图如图 5-5 所示。

图 5-5　自制架子鼓接线示意图

组装

我们把组装过程分成电子部件和外观结构两部分。

电子部件

（1）首先将 Arduino Nano 主控板和 MIDI 音乐模块安装在底板中，如图 5-6 所示。

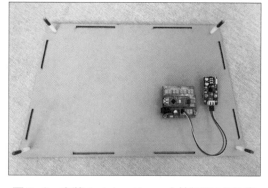

图 5-6　安装 Arduino Nano 主控板和 MIDI 音乐模块

（2）接着，将扬声器安装在前面板中，如图 5-7 所示。

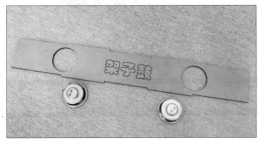

图 5-7　安装扬声器

（3）随后，我们安装电源及功放部分。本次作品使用锂电池作为电源，通过充放电模块进行稳压，输出 5V 的电压为主控板和功放板供电，同时支持外部充电功能。

锂电池的接线如图 5-8 所示，3.7V 锂电池经过充放电模块输出 5V 电压，充电接口输入 4.5~8V 电压即可为锂电池充电。

（4）接着我们安装功放板、充电接口、电源开关，并连接它们与锂电池的线路，如图 5-9 所示。面板上预留的圆孔可以作为数据线和外接音频线的穿线孔。

图 5-8　锂电池接线

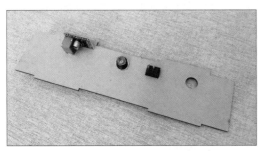

图 5-9　安装并连接功放板、充电接口、电源开关

（5）之后，安装灯环和微动开关。灯环和微动开关的布局如图 5-10 所示，需要根据图中的标注将灯环和微动开关与 Arduino Nano 的引脚对应连接。

（6）将 9 个灯环级联后接入 13 号数字引脚。WS2812 灯环背面如图 5-11 所示，安装灯环时需要注意的是灯环的焊接，每个灯环有 4 个引脚，分

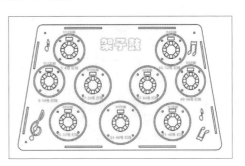

图 5-10　灯环和微动开关布局

别是 DI（输入）、5V（正极）、GND（负极）、
DO（输出），焊接信号线将每个灯环串联起来，上
一个灯环的 DO 引脚接下一个灯环的 DI 引脚。

（7）灯环线路连接完毕，如图 5-12 所示，这
里在每个灯环上焊接了一个 4PIN 的排针，并使用
了一块转接板方便走线。

图 5-11　WS2812 灯环背面

（8）灯环安装完成，下面安装微动开关。先在
9 个微动开关中焊接 9 个下拉电阻，如图 5-13 所示。
然后将 9 个微动开关加下拉电阻分别与 Arduino
Nano 开发板的 4~12 号数字引脚连接。

（9）如图 5-14 所示，将微动开关安装在灯环
上方的矩形孔内，需要注意的是，每个击打单元中
的微动开关高度要统一，如果太低，击打的时候触
碰不到，太高则弹簧行程不够，按压不动，调整好
高度后统一用热熔胶固定。

图 5-12　连接灯环线路

（10）微动开关和灯环安装完毕后的效果如图 5-15 所示。

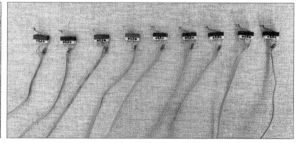

图 5-13　在微动开关中焊接下拉电阻

图 5-14　安装微动开关和灯环

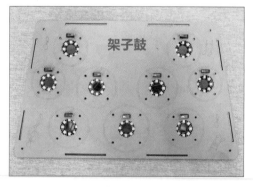

图 5-15　微动开关和灯环安装效果

（11）图 5-16 所示为电子部件的整体走线。

外观结构

架子鼓的外观结构比较简单，我们先来安装比较重要的击打单元，图 5-17 所示是安装击打单元所需的零件。

（1）为了模拟架子鼓击打时的手感，在每块白色的圆形亚克力透光板下面安装 0.3mm 线径的小弹簧（弹簧线径越粗弹力越大），每个亚克力透光板中有 4 个圆孔，这是为了穿过螺栓，让小弹簧正好卡在螺栓上，安装时要对准，如图 5-18 所示。

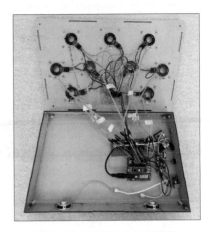

图 5-16　电子部件实物接线

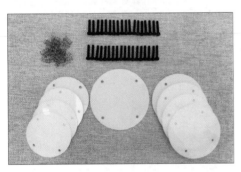

图 5-17　安装击打单元所需零件

图 5-18　击打单元安装细节

（2）击打面板的组装顺序为，先将白色的亚克力透光板和螺栓固定，然后在每颗螺栓上安装弹簧，最后将击打单元放入架子鼓面板上的孔内，在背面用螺母固定。击打单元安装完成的效果如图 5-19 所示。

（3）击打单元安装完毕，最后，我们在架子鼓的 4 个角安装螺丝铜柱，然后将 4 个侧板、上顶板和下底板固定，安装完成的效果和灯光效果如图 5-20、图 5-21 所示。

图 5-19　击打单元安装完成效果

图 5-20　自制架子鼓组装完成效果

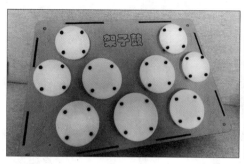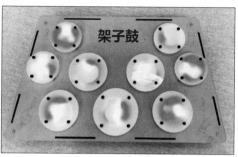

图 5-21　灯光效果

程序设计

架子鼓的程序使用 Mixly 图形化编程环境编写。在编程之前需要先加载一下库文件，如图 5-22 所示。关于库文件，可以在"旺仔爸爸造物社"公众号回复关键字"midi 库"获取。

这里需要注意的是，本次架子鼓的程序是在 Mixly0.99 版本中编写的，如果有些程序块显示不全，可以尝试更换 Mixly 软件版本。

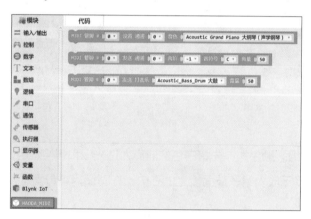

图 5-22　MIDI 库程序块

MIDI 库加载完成，我们来看一下真实的架子鼓都有哪些击打单元，然后再进行程序编写，架子鼓模型如图 5-23 所示。

图 5-23　架子鼓模型

按照图中架子鼓的组成，我们将每个击打单元进行了分配，如图 5-24 所示。

根据示意图，我们首先编写灯环的程序。

编写灯环程序

敲击击打单元实现发音的同时，灯环显示不同的颜色，开机时还伴随着灯光效果，灯环的编程如何实现呢？

图 5-24　击打单元分配示意图

首先，我们在 Mixly 软件的右下方选择控制板为 Arduino Nano，接着需要设置初始化的程序，如图 5-25 所示。

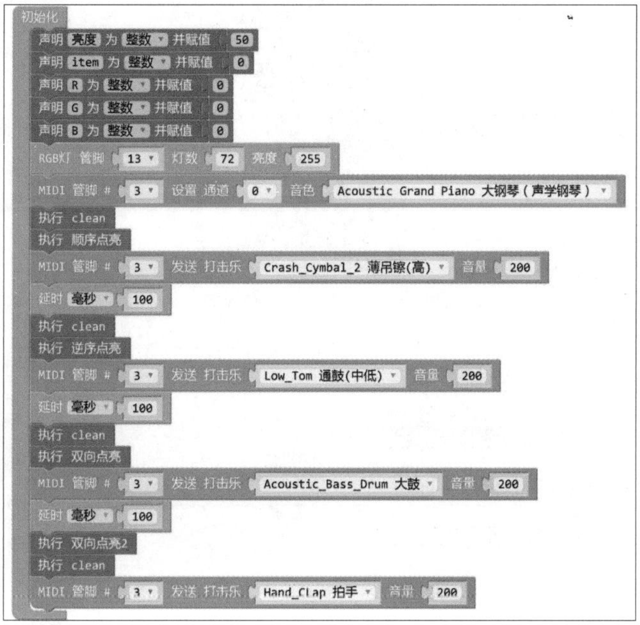

图 5-25　初始化程序

在初始化的程序中，需要对灯环的引脚、灯数和亮度进行设置，我们的灯环连接 13 号数字引脚；每个灯环有 8 颗 RGB 灯珠，总共 9 个灯环，所以灯数应该设置为 72；亮度的范围是 0~255，我们设置为最亮，即 255。

除此之外，本项目还涉及灯环的显示控制程序，分别是正向、逆向，以及双向流水的效果，所有灯显示黑色为熄灭的效果，程序如图 5-26 所示，当然你也可以根据自己的喜好编写更多显示效果的程序。

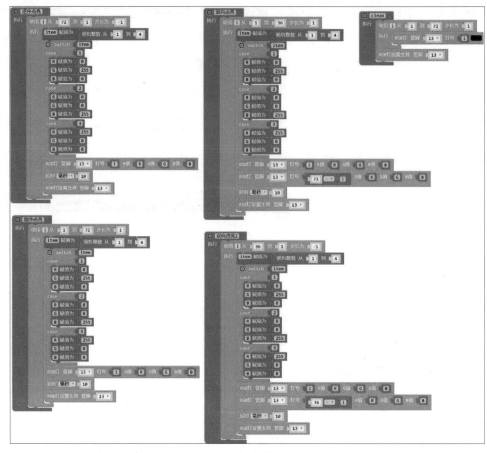

图 5-26 灯光效果程序

编写 MIDI 音乐模块程序

本次设计的架子鼓作品属于打击乐器，我们需要对 MIDI 音乐模块的引脚、打击乐种类，以及音量进行设置，MIDI 音乐模块中可以供我们选择的有 60 余种打击乐器，设置 MIDI 音乐模块连接 3 号数字引脚，音量为 200，随意选择一种打击乐器进行测试，程序如图 5-27 所示。

这时，我们可以敲击击打单元来模拟敲击架子鼓发音了，也就是判断击打单元下的微动开关是否被按下，被按下则发出对应的声音。我们编写图 5-28 所示的程

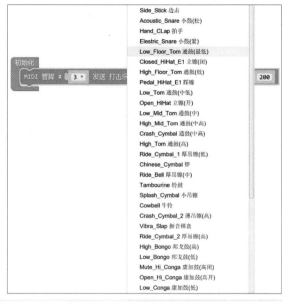

图 5-27 MIDI 初始化测试程序

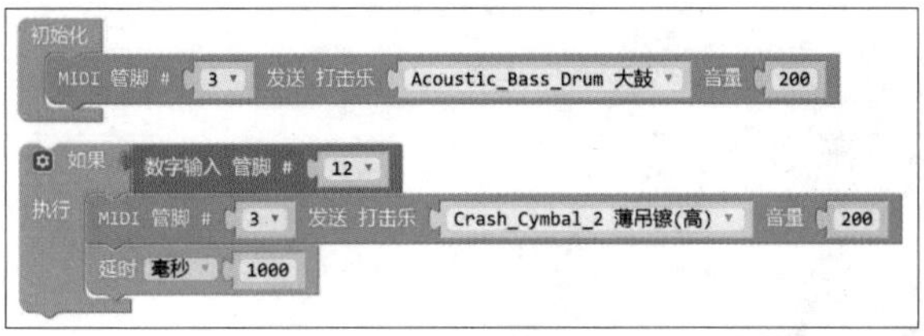

图 5-28 按下微动开关发音程序

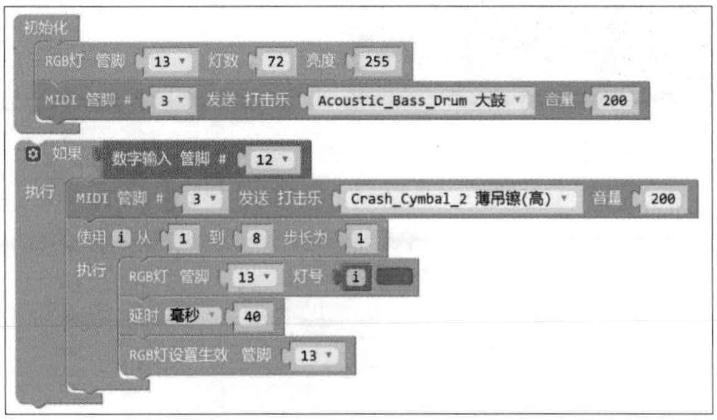

图 5-29 按下微动开关发音并亮灯程序

实现了敲击一个击打单元发音，我们还可以继续修改程序，让其他的 8 个击打单元按照同样的方法实现敲击发音，程序如图 5-30 所示。

程序中涉及的每个微动开关引脚号和灯珠的编号可以参考图 5-10 所示的灯环和微动开关布局。程序中设置了当架子鼓最上面的两个击打单元（也就是 12 号和 4 号数字引脚）同时被按下时，亮度可自动调节，为了展示完整的程序，这里将灯环显示的程序进行了折叠处理。

至此，我们的架子鼓就制作完成了，如图 5-31 所示，完整的程序如图 5-32 所示。

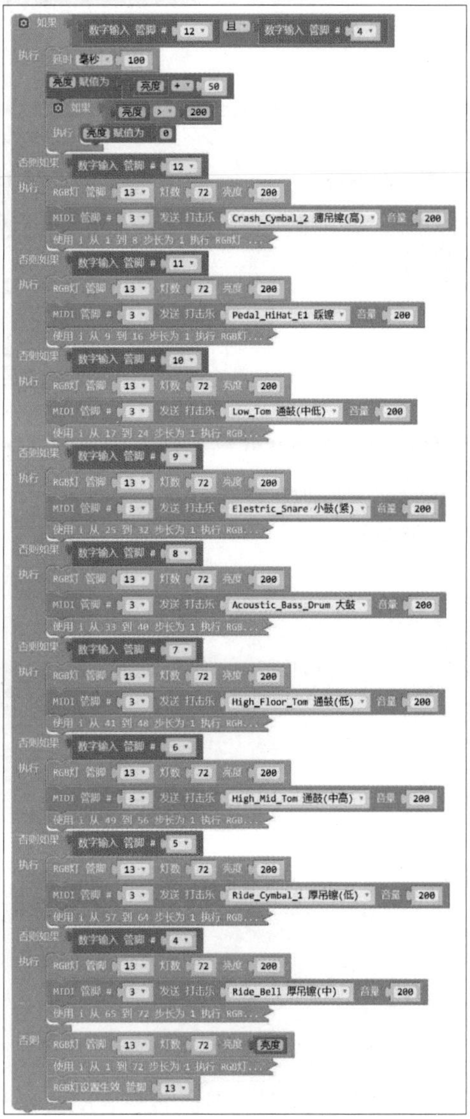

序进行测试，当左上角击打单元下的微动开关被按下，也就是 12 号数字引脚为高电平时，会发出"薄吊镲（高）"的声音。

我们还可以加入灯环的程序，这样敲击击打单元，发出声音的同时还会有灯光效果，程序如图 5-29 所示。

图 5-30 9 个击打单元发音、亮灯程序

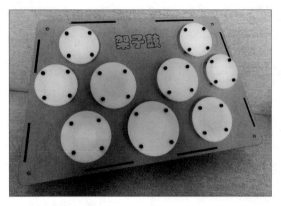

图 5-31　自制架子鼓

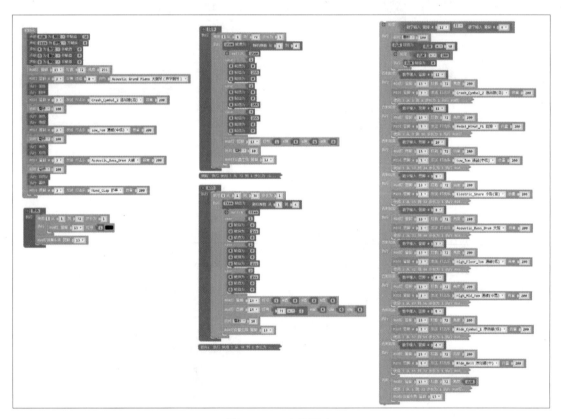

图 5-32　完整程序

总结

因为之前有电子琴的制作经验，这次的架子鼓做起来更加得心应手，关于击打单元的部分，我尝试了多种方案，很多细节也反复修改了多次，造物的乐趣也就在于此。相信你有更多精彩的创意，欢迎有想法的朋友共同交流探讨，下一个项目介绍电子吉他的制作方案，造物让生活更美好！

电子吉他

通过前面两篇电子琴和架子鼓的制作，相信大家对乐器的制作原理已经了如指掌了，这次我们来制作电子吉他，本次设计的电子吉他还是继承了之前便携、可充电、可编程、自带扬声器单元和灯带显示等特点，它还有一个强大之处是可以切换 6 种不同的吉他发音，这是 MIDI 音乐模块独有的功能。我们一起来看一下从想法设计到加工制作的全过程。

方案介绍

与前两篇电子琴、架子鼓不同的是，电子吉他需要拨动琴弦来演奏发音，那么本次电子吉他实现的关键在于如何检测琴弦是否被拨动，假设琴弦是金属材质，具有导电性，理论上触摸琴弦的信号是可以被控制器捕捉到的，按照这样的思路，我们找到了一款好搭 Nano 控制器，如图 6-1 所示，它的引脚具有触摸的功能，也就是说引脚是否被触摸的信号是可以被控制器捕捉到的，那么用好搭 Nano 控制器引脚的触摸功能来实现电子吉他的琴弦触摸发音是非常适合的，于是我们这次选择了好搭 Nano 控制器作为吉他的控制器。

控制器确定后，其他的器材选型沿用之前的方案，在音源输出方面，我们依旧采用 MIDI 音乐模块，同时加入灯带增强演奏时的效果。

方案确定后我们开始制作。

设计制作

首先我们需要了解一下吉他的组成部分，从图 6-2 中可以看出一个完整的吉他由十几部分组成，我们需要重点知道的是琴钮、琴颈、音孔、弦桥这几个部分。

知道了吉他的组成部分，我们来设计外观结构。

图 6-1　好搭 Nano 控制器

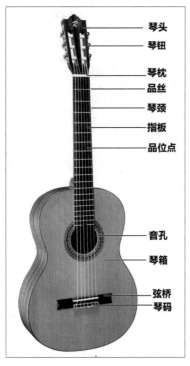

图 6-2 吉他的组成部分

结构设计

打开 LaserMaker 软件设计图纸，采用激光切割工艺加工 2.5mm 厚奥松板和 2mm 厚亚克力透光板，为了保证吉他的曲线造型，侧板采用柔性可折弯的结构，图纸设计时注意提前预留各类电子元器件的尺寸和孔位，设计图如图 6-3 所示。激光切割机加工后的实物如图 6-4 所示。

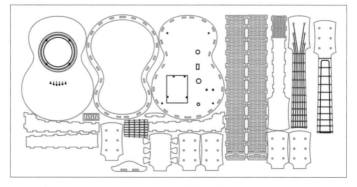

图 6-3 电子吉他设计图纸

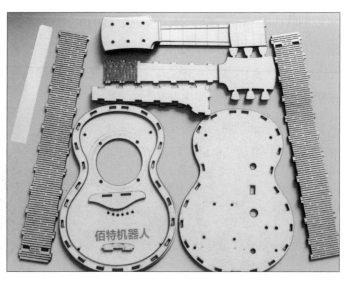

图 6-4 激光切割后的零件实物

制作电子吉他所需器材见表 6-1，部分器件实物如图 6-5 所示。

表 6-1 制作电子吉他所需器材

序号	名称	数量
1	好搭 Nano 控制器	1 个
2	Nano 扩展板	1 个
3	MIDI 音乐模块	1 个
4	WS2812 灯带（1m）	1 条
5	5V 功放板	1 个
6	4Ω5W 扬声器	1 个
7	尼龙琴弦	6 根
8	铜箔胶带	1 卷
9	3.7V 锂电池	1 个
10	充放电模块	1 个
11	3.5mm 音频线	1 根
12	开关	1 个
13	充电接口	1 个
14	杜邦线、导线、 螺丝铜柱、螺丝钉	若干
15	3mm 厚奥松板	若干
16	2mm 厚亚克力透光板	若干
17	电源及转接模块	1 个

电路设计

本次电子吉他电子部分采用了 MIDI 音乐模块作为音源输出，控制器则选用了好搭 Nano，我们只需要将好搭 Nano 控制器的引脚与琴弦对应起来即可实现弹奏。好搭 Nano 控制器的 8、9、10、11、12、13 触摸引脚分别对应编号为 6、5、4、3、2、1 的琴弦。另外 6 个触摸引脚 6、7、4、3、2、5 分别对应吉他的 6 个和弦 C、F、G、Am、Dm、Em。而 1 号触摸引脚用于音色切换，可以切换 6 种不同的吉他发音，连接一个螺丝铜柱，可以实现触摸面板的螺丝来切换音色。

MIDI 音乐模块和灯带分别接 Nano 控制器的 A0 和 A7 引脚。琴弦弹奏和灯带显示对应，实现弹奏琴弦时灯带变换的效果，MIDI 音乐模块通过一根 3.5mm 音频线与功放板连接，作为功放板音源输入，功放板驱动扬声器实现声音播放，接线示意图如图 6-6 所示。

图 6-5　部分器材实物

图 6-6　电子吉他电路接线示意图

组装

电子吉他的组装过程分电子部件和外观结构两部分。

电子部件

（1）安装扬声器。发音单元采用的是一个 4Ω5W 的扬声器，由 5V 的功放板进行驱动，使用 4 颗直径为 4mm 的螺丝钉安装在吉他"音孔"部位，如图 6-7 所示，焊接扬声器的导线时，注意区分正负极。

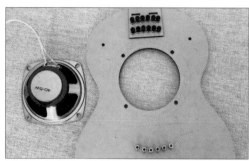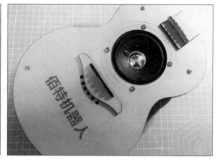

图 6-7　安装扬声器

（2）安装主控、MIDI 音乐模块、功放板及电源模块。电子吉他使用一块 3.7V 锂电池作为电源，通过充放电保护板进行稳压，输出 5V 的电压为主控和功放板供电，同时支持外部充电功能，电源部分、功放板、主控及 MIDI 音乐模块的实物接线如图 6-8 所示。

（3）安装灯带。灯带的安装部署在吉他"琴颈"部位，将 1m 的 WS2812 灯带裁剪为 3 条，每条 12 颗灯珠，焊接时需要注意信号线的走向，这一步我们需要先将琴颈部位组装完成（见图 6-9），再将灯带整体放入（见图 6-10）。灯带安装好后，将亚克力透光板封装在上面用来增加美观性，如图 6-11 所示，安装好的效果如图 6-12 所示。

图 6-8　电子部件实物接线

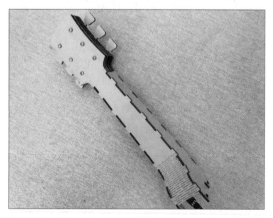

图 6-9　琴颈背部

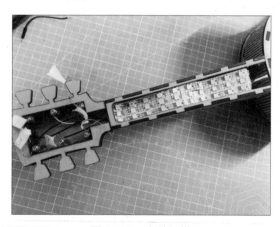

图 6-10　安装灯带

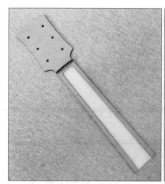 

图 6-11　安装白色亚克力透光板

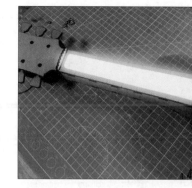

图 6-12　灯带安装完成效果

（4）安装琴弦、和弦。将琴弦与和弦的触摸引脚信号线通过一个转接板与吉他琴箱面板的螺丝铜柱连接（见图 6-13）。然后使用导线将和弦的触摸引脚信号线延长引出至琴颈的金属螺丝部位（见图 6-14）。由于好搭 Nano 控制器在离线环境下使用需要上电复位才能工作，这里我们从主控板上引出一个复位键至吉他的背部方便使用，如图 6-15 所示。

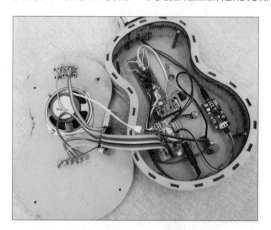

图 6-13　发音琴弦与和弦电路接线

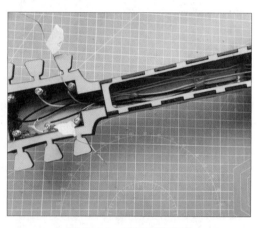

图 6-14　延长和弦导线

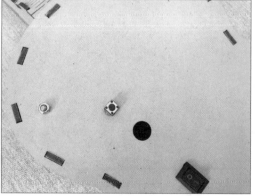

图 6-15　引出复位按键

（5）我们从好搭 Nano 控制器的 1 号触摸引脚引出信号线连接螺丝铜柱，这样就可以触摸铜柱螺丝来切音了，细节如图 6-16 所示。

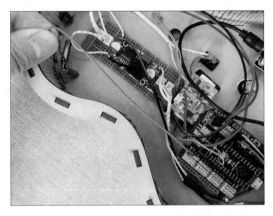

图 6-16 切音引脚安装细节

外观结构

电子部件安装完成后，我们开始组装外观结构。

（1）先将柔性侧板安装在底板中，如图 6-17 所示。

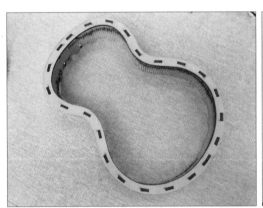 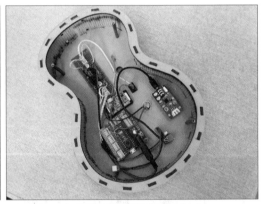

图 6-17 将柔性侧板与底板安装

（2）然后将装有扬声器的上顶板安装在柔性侧板上，如图 6-18 所示。

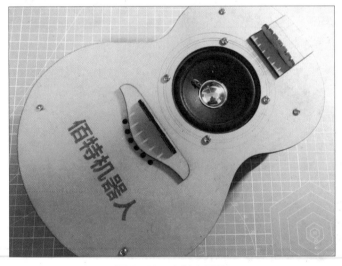

图 6-18 安装上顶板

（3）最后，在琴箱上安装琴弦与和弦。6 根琴弦（琴箱部位）和 6 根和弦"琴钮"（琴头部位）的安装引脚编号如图 6-19 所示。

图 6-19　琴弦与和弦安装引脚编号

琴弦采用市面上吉他常用的尼龙琴弦，为了实现触摸发音，在每根琴弦上附着铜箔胶带，此外，也可以采用其他材料代替，如可以导电的缝纫线。

为了实现和弦切换，在"琴钮"部位设计了 6 颗铜柱与主控触摸引脚相连，用手或金属触摸可以触发不同的和弦、达到一只手扫弦、一只手切换和弦的真实效果。

组装完成后，我们开始程序设计。

程序设计

电子吉他和弦音符及接线引脚见表 6-2，我们用好搭 Block 来编写程序，可以在好好搭搭官网下载软件。下载完成后，启动软件，单击右上角的小齿轮，选择"好搭酷 -Nano"，如图 6-20 所示。

表 6-2　和弦音符及接线引脚

	6 弦	5 弦	4 弦	3 弦	2 弦	1 弦	和弦接线引脚
C 和弦	2G	3C	3E	3G	4C	4E	数字 6
F 和弦	2F	3C	3F	3A	4C	4F	数字 7
G 和弦	2G	2B	3D	3G	3B	3G	数字 4
Am 和弦	X	2A	3E	3A	4C	4E	数字 3
Dm 和弦	X	X	3D	3A	4D	4F	数字 2
Em 和弦	2E	2B	3E	3G	3B	3E	数字 5
琴弦接线引脚	数字 8	数字 9	数字 10	数字 11	数字 12	数字 13	注：3 中音 2 低音 4 高音 X 不发音

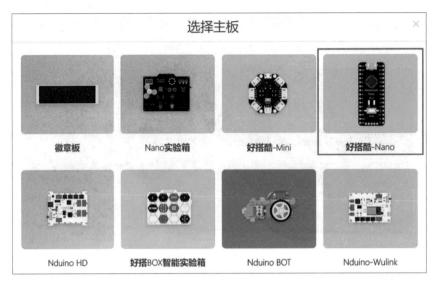

图 6-20　选择主控板

设置完后我们开始编写程序。

程序初始化

初始化程序对变量进行了定义，对 MIDI 音乐模块和灯带进行了设置，设置灯带的数量为 36 个，连接的引脚为 A7，MIDI 音乐模块连接的引脚为 A0，初始化程序如图 6-21 所示。

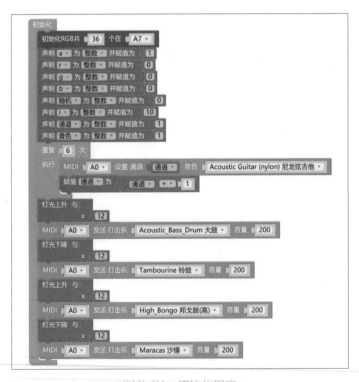

图 6-21　初始化程序

灯光效果函数

电子吉他在拨动琴弦和切换音色时会有不同的灯光效果，这些灯光效果是如何实现的呢？相信阅读了前两篇乐器制作的文章后你一定有了自己的想法，这里我们不详细讲解基础用法，我们通过两个函数来展示两种灯光效果。

电子吉他设计了两种灯光效果，拨动琴弦时灯光呈现向上流水的效果；切换音色时呈现向下流水的效果。为了调用方便，将灯光控制的程序封装成了带参数的函数，带参数的目的是控制 3 条灯带同时向上或向下流水，程序如图 6-22 和图 6-23 所示，当然灯光也可以有更多的变换形式，感兴趣的可以去尝试。

音色切换

所谓音色切换其实是在图 6-24 中所列的几种不同类型的吉他中选择切换，这样就实现了用一把吉他弹奏多种吉他的效果。

音色切换利用 1 号触摸引脚实现，在 6 个不同的吉他类型中进行选择，6 个吉他类型分别是尼龙弦吉他（古典吉他）、钢弦吉他（民谣吉他）、爵士电吉他、清音电吉他、闷音电吉他、吉他和音。实现的程序如图 6-25 所示，当 1 号触摸引脚被触摸，也就是高电平时切换音色。

其中我们将切音的程序封装成了一个函数，如图 6-26 所示，切音函数的主要功能就是在 6 个不同类型的吉他之间切换。

主程序

主程序的功能是音色切换和触摸琴弦发音，这里将一个和弦下的音符进行程序展示，如图 6-27 所示，其他和弦同理，由于篇幅原因就不全部展开了。

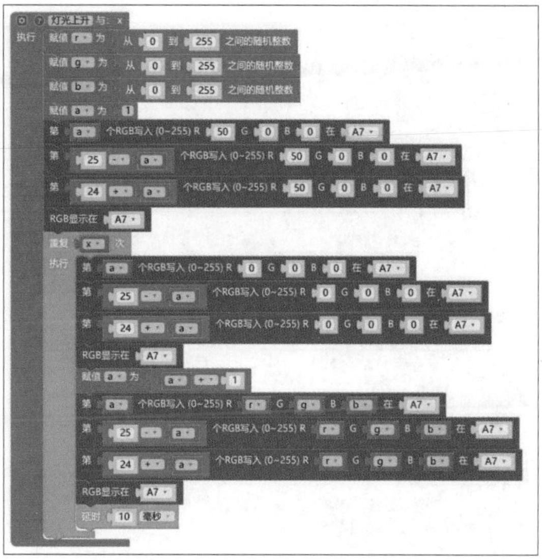

图 6-22　灯光向上流水效果函数

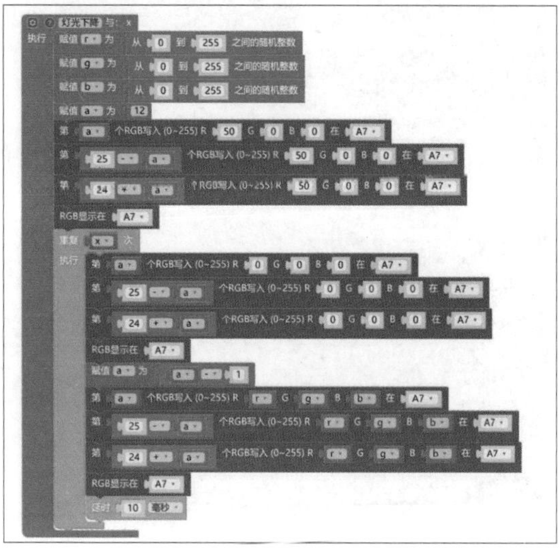

图 6-23　灯光向下流水效果函数

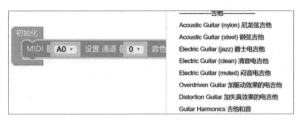

图 6-24　MIDI 库中的吉他种类

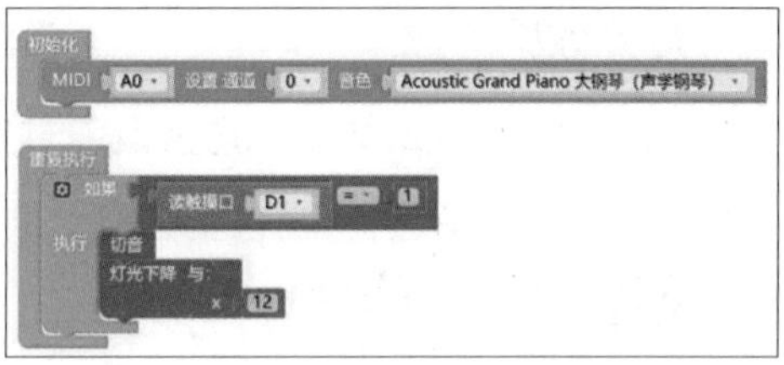

图 6-25　触摸切音和灯光显示程序

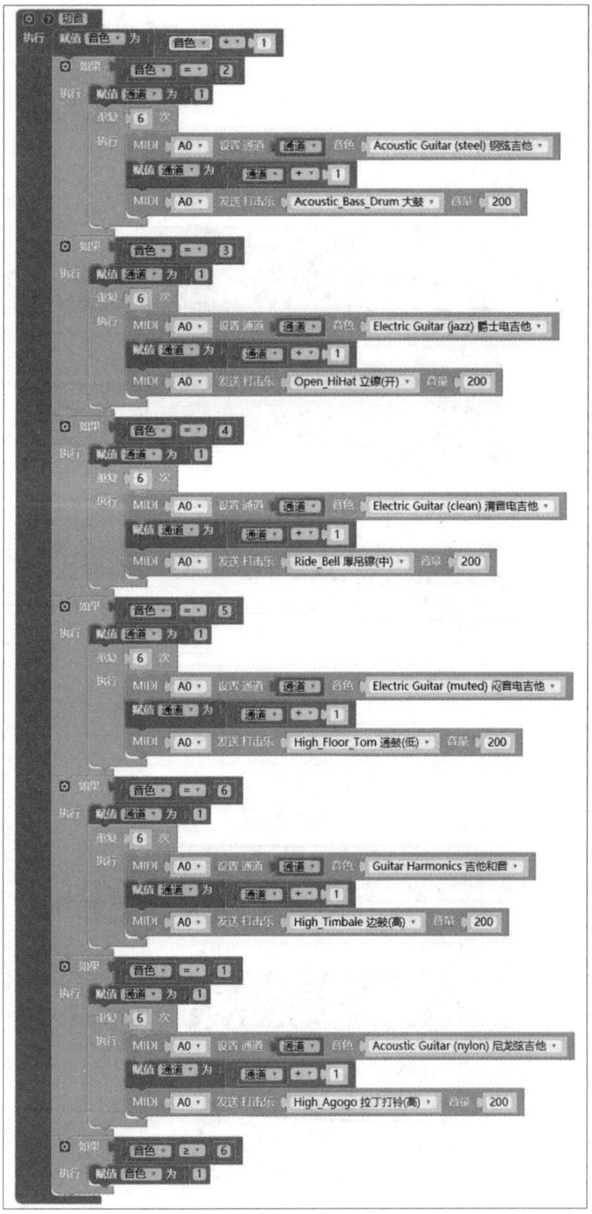

图 6-26　切音函数

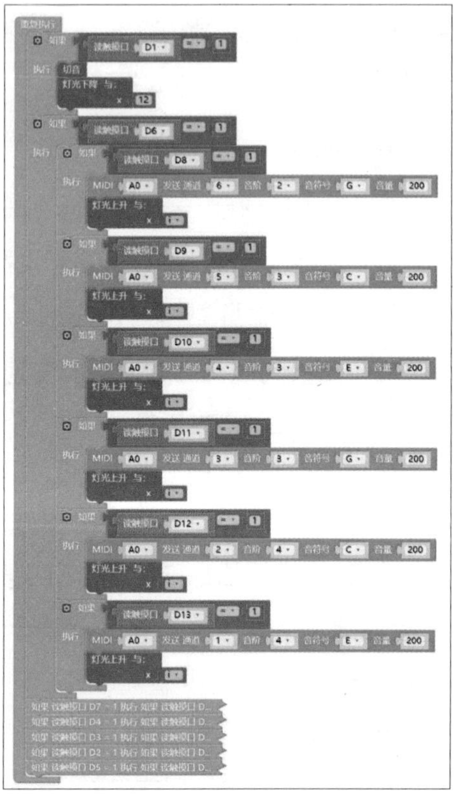

图 6-27　主程序

总结

至此，激光造物乐器篇的三大乐器已全部完成，坐等通告演出了，我们来看一下全家福，如图 6-28 所示。

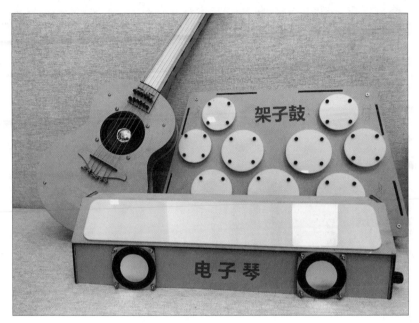

图 6-28　激光造物三大乐器

有趣的是做完 3 个乐器，之前对乐器一窍不通的我现在基本能看懂不同乐器的谱子，这是我在项目完成后最大的感受，收获的不单单是技术上的能力提升，更多的是综合能力的提升。3个不同乐器的制作，从构思方案、资料查找到图纸设计、电路设计、程序编写，各个环节都会遇到预想不到的问题，制作的过程也是不断发现问题、改进和解决问题的过程，这个过程是非常宝贵的。其实一个项目的实现过程正是 STEAM 综合类课程的浓缩，科学、技术、工程、艺术、数学等综合能力也是在过程中不断提升的，制作过程带来的乐趣和成就感会让自己轻松很多，希望大家也能一起动手造起来，造物让生活更美好。

第3篇

激光造物与创意生活

接下来，我们开始进阶学习，本篇从实际生活的角度出发，借助激光切割技术和编程技能实现各种创意，用创意改变生活，让生活更美好。

07 模拟开花装置

前面我们介绍了一些使用激光切割加工工艺制作的静态模型作品，本次的项目我们通过一个开合的花瓣作品来学习如何利用激光切割加工工艺制作一个动态装置。

方案介绍

为了模拟花朵的开合，我们需要先确定使用什么类型的执行器，常用的执行器有舵机、直流电机和步进电机，从精度、力矩和实现结构的复杂程度考虑，我打算采用普通的 42 步进电机作为本次作品的执行器，如图 7-1 所示。

确定好执行器后，问题集中在通过什么样的机械结构实现花瓣开合，下面介绍几种机械结构方案。

方案一：激光切割柔性木板作为花朵的花瓣，利用橡皮筋作为拉紧装置，安装 42 步进电机，通过步进电机拉伸橡皮筋实现花瓣开合，经过测试发现，由于行程过短，此方案用在花瓣开合装置上并不合适，在其他对行程要求不高的场合可以选用，测试方案一如图 7-2 所示。

方案二：将直径大小不同的几个圆盘与丝杆上的法兰安装在一起，通过步进电机的转动使圆盘上下运动，从而实现花瓣的开合，经过测试发现，花瓣的开合程度效果并不理想，方案不可行，

图 7-1　42 步进电机、法兰、丝杆及联轴器

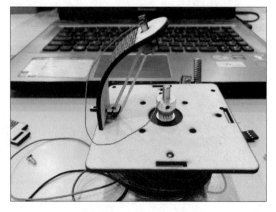

图 7-2　方案一

测试方案二如图 7-3 所示。

方案三：设计图 7-4 所示的连杆结构与丝杆、法兰结合，测试后发现，连杆结构设计不合理，不能实现花瓣的开合，但这样的结构设计方向是正确的，进一步优化设计后再测试。

方案四：重新设计后的连杆结构如图 7-5 所示，结构类似于雨伞的骨架，步进电机通过联轴器与丝杆连接，丝杆上安装的法兰与木制骨架连接，丝杆转动的同时带动法兰上下移动，从而达到花瓣开合的效果，经过测试，此方案能基本达到预期的效果，于是采用连杆结构来

图 7-3　方案二

图 7-4　方案三

图 7-5　方案四

制作模拟开花装置。

确定机械结构部分后，接下来介绍一下控制步进电机的控制器和驱动器，本次作品我们使用 Arduino Nano 作为主控，搭配一块 A4988 步进电机驱动扩展板，使用一个摇杆模块作为步进电机的控制模块。

本次作品所用到的硬件如表 7-1、图 7-6 所示，部分硬件的名称标注如图 7-7 所示。

表 7-1　硬件清单

序号	名称	数量
1	Arduino Nano 主控板	1 个
2	A4988 步进电机驱动扩展板（带 A4988 驱动模块）	1 个
3	42 步进电机	1 个
4	长度 5cm 丝杆（直径 8mm、导程 14mm）	1 个
5	直径 8mm 法兰（导程 14mm）	2 个
6	4mm 转 8mm 的弹性联轴器	1 个
7	2.5mm 厚奥松板（600mm×400mm）	1 张
8	五金件	若干

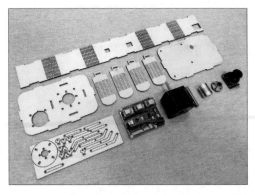

图 7-6　所需的部分硬件

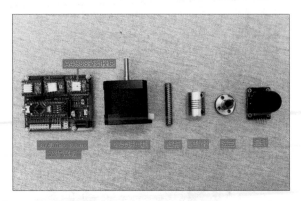

图 7-7　部分硬件名称标注

结构设计

我们使用 LaserMaker 软件中的一键造物功能设计一个圆角盒子，需要在圆角盒子的柔性结构中预留电源孔和下载孔，摇杆模块和步进电机安装在盒子的顶部面板中，注意提前预留定位孔，设计 4 个柔性叶片作为花瓣来模拟花朵的开合效果，设计图如图 7-8 所示。

激光切割加工后的零件如图 7-9 所示。

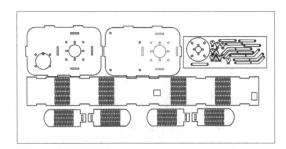

图 7-8　模拟开花装置的设计图

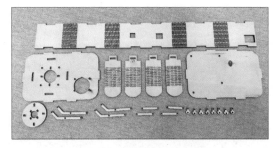

图 7-9　切割完成后的零件

电路设计

本次作品的电路连接如图 7-10 所示，42 步进电机连接驱动扩展板的 X 接线柱，摇杆模块连接驱动扩展板的 A6 引脚。

图 7-10　电路接线示意图

组装

（1）将主控板和扩展板安装在底板上，摇杆模块安装在顶板上，如图 7-11 所示。

（2）组装花瓣。先组装连杆，如图 7-12 所示，4 个花瓣需要 4 个连杆。

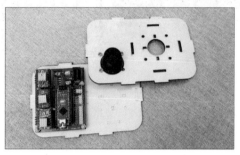

图 7-11　安装电子部件

图 7-12　组装 4 个连杆

（3）连杆组装完成后，安装联轴器、法兰和丝杆，如图 7-13 所示。

（4）随后，用螺栓、螺母将连杆与法兰固定，然后把它们作为一个整体安装在顶板上，安装完成后如图 7-14 所示。

图 7-13　安装联轴器、法兰、丝杆

图 7-14　安装连杆部分与顶板

（5）接着，将步进电机与顶板及联轴器固定在一起，如图 7-15 所示。拧紧联轴器的沉头螺栓即可将步进电机与联轴器安装在一起，随后将顶板上的 4 颗螺栓上紧，步进电机就安装完成了。

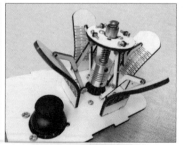

图 7-15　安装步进电机

（6）连接摇杆模块和步进电机与扩展板之间的电路，接着将柔性侧板安装在底板上，最后将顶板与柔性侧板安装在一起，如图 7-16 所示。

（7）组装完成，效果如图 7-17 所示。

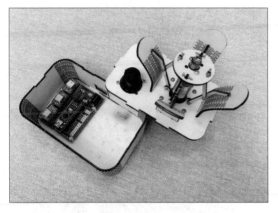

图 7-16　连接电路并安装面板

图 7-17　模拟开花装置

程序设计

本次作品我们使用 Mind+ 来编写程序。我们知道摇杆模块可以实现左右或上下方向的运动，而我们本次只用一个 X 方向即可实现控制花瓣开合的效果。

具体控制过程是：当手向右推动摇杆时，摇杆的数值减小，步进电机顺时针旋转，花瓣闭合；当手向左推动摇杆时，摇杆的数值增大，步进电机逆时针旋转，花瓣打开。我们需要用到以下模块。

图 7-18　摇杆模块

1. 摇杆模块

如图 7-18 所示，摇杆模块可被视作一个按键（图中 Z 轴方向）和两个 10kΩ 阻值的电位器（图中 X、Y 轴方向）的组合，按键的信号是数字信号，只有高、低电平两种状态；而电位器的信号是模拟信号，可以输出 0~1023 的模拟数值。

2. 步进电机

本次我们所使用的是两相四线的 42 步进电机，步距角是 1.8°，如图 7-19 所示。

图 7-19　两相四线步进电机内部

3. A4988驱动模块

我们还需要步进电机驱动才能使步进电机工作。图 7-20 所示为 A4988 步进电机驱动模块，它是一款十分普及且性价比很高的驱动模块。

图 7-20　A4988 步进电机驱动模块

为了方便接线，我们使用了一款板载 A4988 驱动模块的扩展板，如图 7-21 所示，我们只需要将步进电机的 4 条引线连接驱动模块的 X 接线柱即可。A4988 驱动扩展板 X 接线柱的 STEP、DIR 分别对应 Arduino Nano 主控板的 5 号、2 号数字引脚。

掌握了摇杆模块、步进电机、A4988 驱动模块的工作原理，我们就可以开始编写程序了。

打开 Mind+ 软件，在左下角"扩展"中选择"主控板"为"Arduino Nano"，如图 7-22 所示。

图 7-21　A4988 步进电机驱动扩展板

图 7-22　在 Mind+ 中选择主控板

接着编写图 7-23 所示的程序。其中 42 步进电机接扩展板的 X 接线柱，而 X 接线柱的控制引脚为 2 号和 5 号数字引脚，2 号数字引脚控制方向，5 号数字引脚控制步进角度。

程序中的延时时间非常短，这是用来控制步进电机速度的，时间越短速度越快，时间越长速度越慢，当然电机速度也不是没有极限的，不同电机的极限速度不一样，可以自行测试。

运行程序，可以让步进电机转一圈，为什么程序中循环 200 次就可以转一圈呢？因为步进电机每走一步是 1.8°（1.8° 就是前文中提到的步进电机步距角），而一圈是 360°，360°/1.8° 就是 200 步，所以步距角是 1.8° 的步进电机转一圈需要走 200 步。

接下来，我们再把摇杆模块加入程序中，通过测试，可以知道摇杆模块向右推动数值减小，向左推动数值增大，中间值为 500 左右，我们可以增加条件判断语句，检测摇杆的推动方向，来控制步进电机顺时针或逆时针旋转。

完整程序如图 7-24 所示。

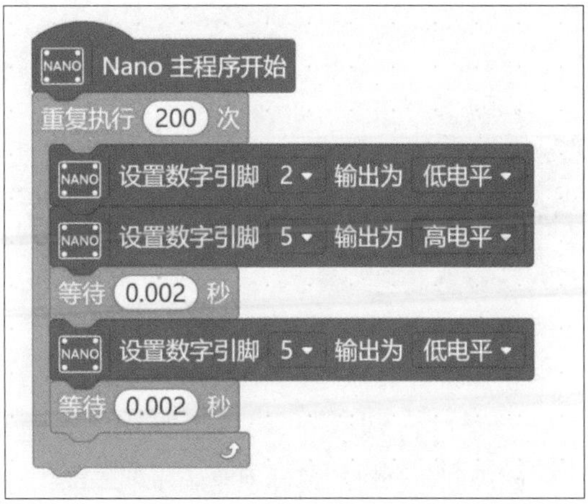

总结

本次作品中，我们学习了步进电机的工作原理，学会了 A4988 驱动模块的使用方法，今后还可以使用步进电机做更多有趣的作品。此外，在设计此次作品时，还可以将结构进一步优化，使其更像一朵花瓣，程序设计中可以将摇杆模块的数值与步进电机的速度对应起来，这样就可以像踩汽车油门一样控制步进电机了。造物让生活更美好，欢迎有更多想法和创意的伙伴一起交流造物心得，共享造物的快乐。

图 7-23　步进电机转一圈的程序

图 7-24　完整程序

08 磁吸创意台灯

磁吸创意台灯的设计思路源于两年前，当时新房子刚装修好，我特别想买一个图 8-1 所示的磁吸台灯。思考良久，又觉得这个台灯中看不中用，最终没舍得买。最近空余时间比较多，于是我就想复刻一个磁吸创意台灯，制作成品如图 8-2 所示。

磁吸创意台灯的主要功能为：当两颗用绳子牵引的小球靠近时，小球内部的磁铁会将两颗小球吸附在一起，这时电路接通，从而点亮 LED 灯带。本次制作除了模拟原型磁吸台灯的功能外，还增加了灯带颜色可切换的功能。具体功能为打开电源，为台灯电路上电，Arduino Nano主控板开始工作。当有磁铁靠近干簧管时，LED 灯带点亮。当触摸传感器检测到触摸信号时，切换 LED 灯带的颜色（见图 8-3）。当磁铁离开干簧管传感器时，LED 灯带熄灭。本次制作所需的硬件材料如表 8-1 所示。

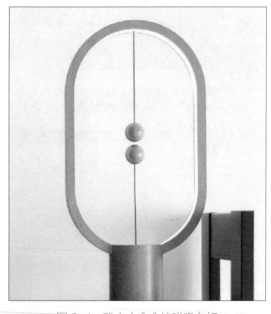

图 8-1　我心心念念的磁吸台灯

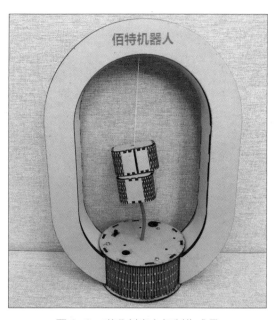

图 8-2　磁吸创意台灯制作成品

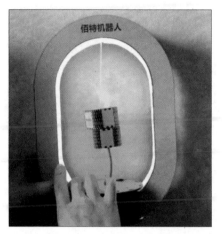

图 8-3 用手触摸传感器，切换灯带颜色

表 8-1 硬件清单

序号	名称	数量	说明
1	Arduino Nano 主控板	1 个	台灯的主控板
2	干簧管	1 个	磁铁感应开关
3	触摸传感器	1 个	控制灯带颜色切换
4	1m 长 LED 灯带	1 条	台灯的光源
5	磁铁	1 个	磁铁开关
6	开关模块	1 个	控制台灯通、断电
7	锂电池	1 个	为台灯供电
8	充电模块	1 个	稳压充、放电
9	3mm 厚奥松板	若干	台灯结构件
10	2mm 厚亚克力板	若干	台灯透光板
11	杜邦线、五金件、下载线	若干	电路连接、结构固定

制作过程

图纸设计

利用 LaserMaker 软件设计台灯图纸，采用激光切割机加工 3mm 厚奥松板和 2mm 厚亚克力板。在设计图纸时需要注意，应当提前将各类电子器件的尺寸、孔位预留好，并留意柔性结构件的卡扣尺寸。台灯的结构件如图 8-4 所示。

电路设计

本次制作采用 Arduino Nano

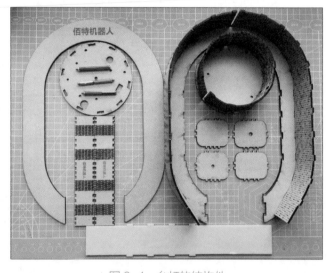

图 8-4 台灯的结构件

主控板，其特点是成本低且方便易用。在器材选型方面，我有两种设计思路，第一种为可编程版本的方案，利用 Arduino Nano 主控板及触摸传感器实现 LED 灯带颜色切换，适合学生进行编程学习及动手制作，本文主要介绍这种可编程的设计方案，主控板和电路连接如图 8-5 所示；第二种为低成本的方案，采用由开关、磁铁、灯带和电位器组成的简单电路，电路连接如图 8-6 所示。低成本方案更易于实现，没有编程基础的朋友也可以按电路图进行搭建。

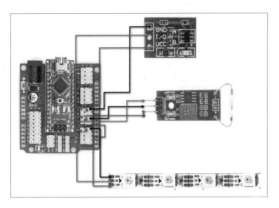

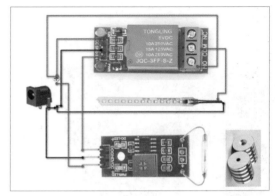

图 8-5　可编程方案的电路连接示意图　　　　图 8-6　低成本方案的电路连接示意图（不可编程）

成品组装展示

在中间部位的两个小盒子中分别放置了磁铁和干簧管（见图 8-7），干簧管通过引线加长。亚克力板需要用热弯器进行手工折弯，以达到美观的效果（见图 8-8）。台灯内部电路接线和台灯底座如图 8-9、图 8-10 所示。

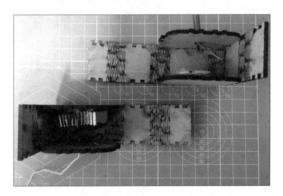

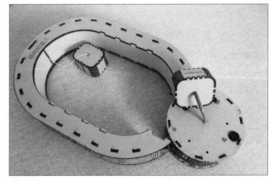

图 8-7　安装磁铁和干簧管的小木盒　　　　图 8-8　使用热弯的白色亚克力板作为台灯透光板

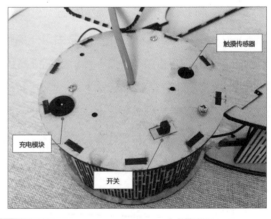

图 8-9　台灯内部电路接线　　　　图 8-10　组装好的台灯底座

程序编写

本次制作的程序比较简单，主要功能是开关逻辑控制和灯带色彩的控制，程序如图8-11、图8-12所示，各位也可以在此基础上进行优化改进。

总结

我制作的磁吸创意台灯有可编程、可充电的特点，制作这个台灯前前后后大概用了一个星期，制作过程中遇到了各种意想不到的问题，比如亚克力板材如何折弯、如何让触摸传感器的信号稳定、实现磁吸功能需要如何选择材料等，每个制作项目也是对我们综合能力的考验。当然，这个制作还有低成本、纯电路的方案，大家也可以简单尝试一下。欢迎大家加入创客大家庭，体验造物的乐趣。

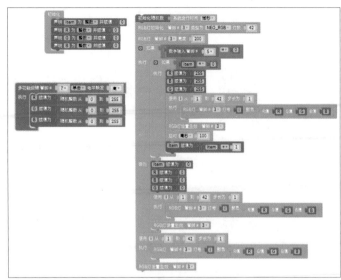

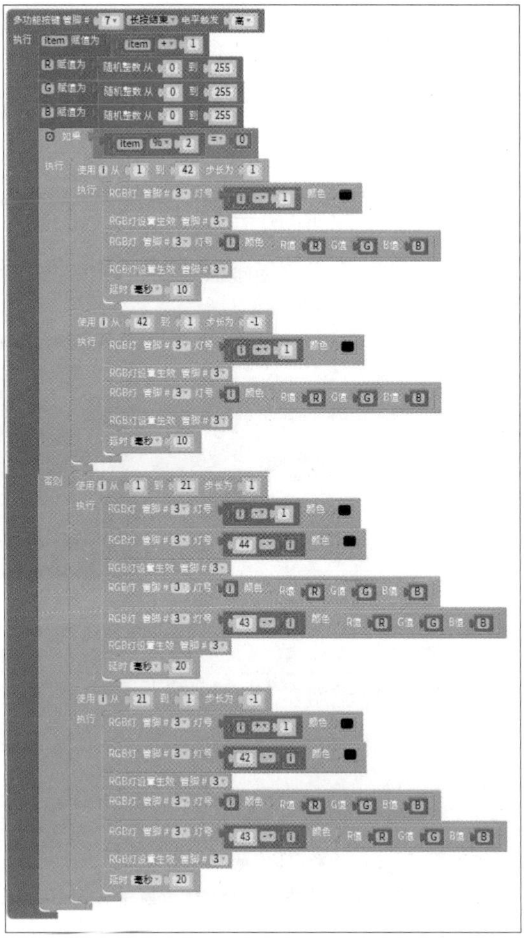

图 8-11　通过触摸传感器切换 LED 灯带颜色的程序

图 8-12　通过长按触摸按键实现流水灯效果的程序

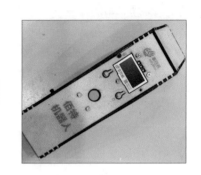

09 体温采集并回传的云打印系统

新型冠状病毒肺炎疫情期间，非接触式测温枪曾出现"一枪难求"的状况，我站在创客的角度想着怎样可以快速有效地解决这个问题，当然是自己做一个。如果只是单纯地做一个测温枪的话，难免有些单调，假如测到的温度能够实时打印出来，那岂不是更有趣？本次我们就来制作一个既可以测温又可以云打印的体温采集并回传的云打印系统。

方案介绍

非接触式红外温度传感器是常见的用于体温采集的仪器，不同型号的传感器的测量精度、范围及价格都有所差别。

本次作品我们采用一款性价比较高的 90614 非接触式红外温度传感器来采集温度数据，如图 9-1 所示，不过它与市面上的测温枪还是存在差距的，只能用于实验。

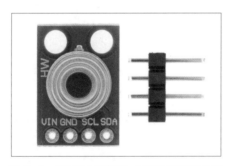

图 9-1　90614 非接触式红外温度传感器

确定采集温度的传感器后，我们来了解一下本次作品的工作流程。使用掌控板将温度数据发送至 SIoT 物联网平台，SIoT 接收到温度数据后传送给装有 OBLOQ 物联网模块的 micro:bit，micro:bit 有无线通信的模式，而好好搭搭的徽章板也具有无线通信的功能，micro:bit 可以通过无线通信的方式将接收到的数据发送至徽章板，徽章板同时还具有 USB 通信的功能，这个功能可以模拟操作计算机键盘打印数据。图 9-2 展示了温度采集到打印的全过程。

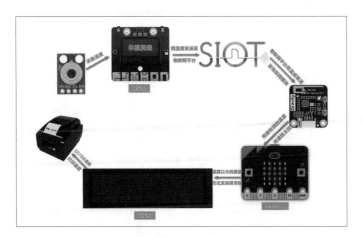

图 9-2 温度采集到打印的全过程

表 9-1 材料清单

序号	名称	数量
1	掌控板	1个
2	百灵鸽扩展板	1个
3	micro:bit	1个
4	micro:bit 扩展板	1个
5	OBLOQ 物联网模块	1个
6	徽章板	1个
7	热敏打印机（其他类型的打印机也可以）	1个
8	90614 非接触式红外温度传感器	1个
9	激光头	1个
10	数字按键	1个
11	开关	1个
12	DC 充电接口	1个
13	2.5mm 厚奥松板	若干
14	锂电池	1个
15	下载线、电源线	1根
16	杜邦线、五金件	若干

如果温度可以采集，那么光强、湿度、距离、风速、声强等数据的采集都可以按照这种方式实现，这将是一个非常有趣的项目，后期可以做成一个系统的科学课程。

确定了方案之后，我们展开制作。

设计制作

我们先看一下用到了哪些材料，如表 9-1 和图 9-3 所示。

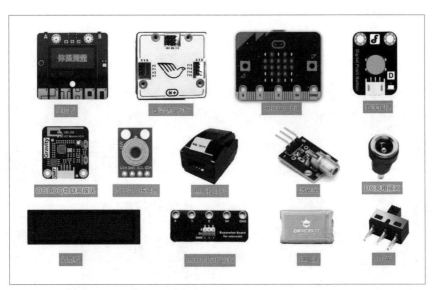

图 9-3 所需的部分材料

结构设计

打开 LaserMaker 设计图纸，我们将作品设计成一个类似于测温枪的造型，采用激光切割工艺切割 2.5mm 厚奥松板，图纸设计的亮点在于突出掌控板的声音传感器、光线传感器、Y 触摸引脚、O 触摸引脚及 RGB 灯，尤其是两个触摸引脚，通过触摸外壳上的两颗金属螺栓就可以使用。设计图如图 9-4 所示，切割完成后的零件如图 9-5 所示。

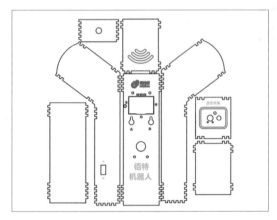

图 9-4　测温枪设计图

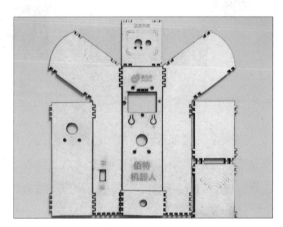

图 9-5　切割完成后的零件

电路设计

掌控板端电路设计

因为在加了木制外壳后，百灵鸽扩展板的电源开关不方便使用，所以我们在设计外壳时预留了拨动开关的安装孔位，将开关单独引出，充电电路和开关电路的接线示意图如图 9-6 所示。

图 9-7 所示为掌控板与传感器接线示意图，非接触式红外温度传感器、数字按键、激光头分别接掌控板的 I²C 接口、P13 引脚、P14 引脚。

图 9-6　掌控板与开关及充电电路接线示意图

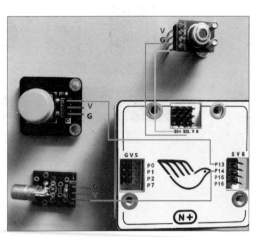

图 9-7　掌控板与传感器接线示意图

micro:bit 端电路设计

接下来是 micro:bit 端的电路设计，如图 9-8 所示，将 OBLOQ 物联网模块通过串口通信的方式接入 micro:bit，OBLOQ 物联网模块的 T 引脚连接 micro:bit 的 0 号引脚，R 引脚连接 micro:bit 的 1 号引脚。

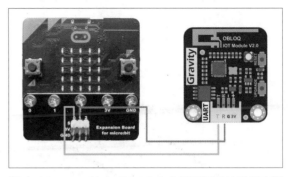

图 9-8　micro:bit 与 OBLOQ 物联网模块接线示意图

徽章板端电路设计

徽章板通过 USB 线与安装有热敏打印机的计算机连接，如图 9-9 所示。

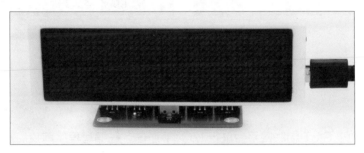

图 9-9　徽章板通过 USB 线连接计算机

组装

（1）将温度采集模块和激光头安装在测温枪的前端，掌控板与数字按键安装在测温枪的正面板中，如图 9-10 所示。

（2）将 DC 充电接口安装在底部的位置，我们增加一根充电的电源延长线将充电接口与扩展板连接，方便给锂电池充电，如图 9-11 所示。

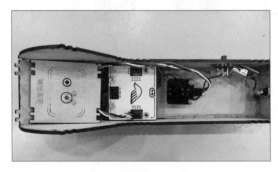

图 9-10　传感器及掌控板安装在正面板上

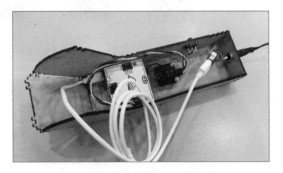

图 9-11　安装开关、DC 充电接口

（3）在外壳上安装两颗螺栓正对 Y、O 两个触摸引脚，方便触摸，如图 9-12 所示。安装好的开关细节如图 9-13 所示。

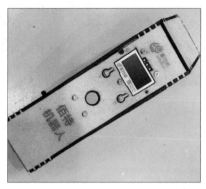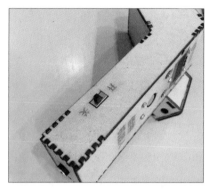

图 9-12　测温枪正面　　　　　　　　图 9-13　开关细节

组装完成，我们开始编写程序。

程序设计

本次作品用到了 SIoT 物联网平台进行 MQTT 通信，在编写程序前我们需要对 SIoT 进行设置，关于 SIoT 物联网平台的详细介绍可以参考相关资料。

掌控板端程序设计

掌控板端程序使用 Mind+ 编程环境，启动 Mind+，在左下角单击"扩展"，然后在"主控板"选项卡中选择"掌控板"，如图 9-14 所示。

图 9-14　选择主控为掌控板

在"网络服务"选项卡中选择"Wi-Fi"和"MQTT"，如图 9-15 所示。

图 9-15　选择 Wi-Fi 和 MQTT 模块

接着，我们需要在程序块中设置 Wi-Fi 的账户和密码。随后再设置 MQTT 的初始化参数，如图 9-16 所示，其中服务器地址可以在计算机中查看，保持与计算机的 IP 地址一致，账号和密码不需要改动，Topic_0 可以根据自己的项目设置通俗易懂的名字。

Wi-Fi 和 MQTT 的信息配置完成后，

图 9-16　设置 Wi-Fi 和 MQTT 参数

我们编写图 9-17 所示的程序。

在程序中，我们检测 P13 数字引脚上的按键是否被按下，如果被按下则让激光头发射激光，同时红外温度传感器每隔 0.1s 采集一次温度数据，总共采集 10 次。温度采集完成后将 10 次数据取平均值，再将平均温度加 5℃，即为最终显示温度（为什么要加 5℃呢？这是根据水银温度计标定的经验值确定的，你也可以根据自己的实际情况修改）。

下载程序，我们查看运行结果，如图 9-18 所示。

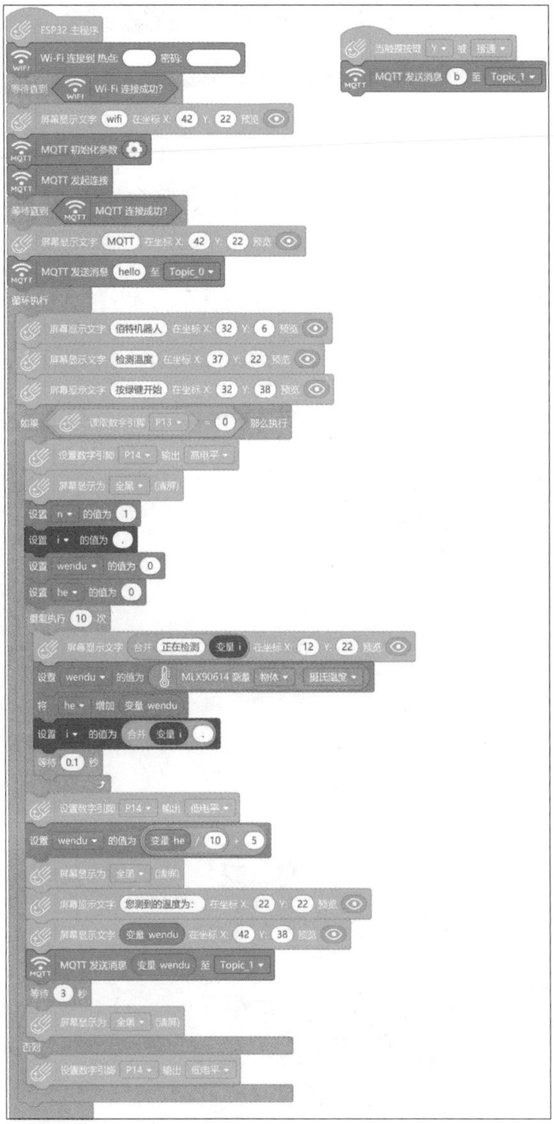

图 9-17　掌控板端程序

图 9-18　运行界面

按下测温枪的绿色数字按键开始测量温度，此时激光头会发射激光，如图 9-19 所示。几秒钟后，屏幕中会显示测量到的温度，如图 9-20 所示。

图 9-19　激光头工作状态

图 9-20　测温枪显示测量结果

micro:bit 数据接收端程序设计

micro:bit 端程序用 Mind+ 编写，启动 Mind+，在"主控板"选项卡中选择"micro:bit"，如图 9-21 所示。

在"通信模块"选项卡中选择"OBLOQ 物联网模块"，如图 9-22 所示。

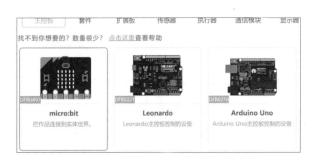

图 9-21　选择主控为 micro:bit

图 9-22　选择 OBLOQ 物联网模块

编写图 9-23 所示的程序，与徽章板建立无线通信，接收到掌控板通过 SIoT 发送的消息"b"时，向徽章板发送打印的命令，否则向徽章板发送温度的信息。

图 9-23　micro:bit 端程序

徽章板打印端程序设计

徽章板端程序需要使用好搭 Block 来编写，可以在好好搭搭官网下载软件。下载完成后，启动软件，单击右上角的小齿轮，选择主板为"徽章板"，如图 9-24 所示。

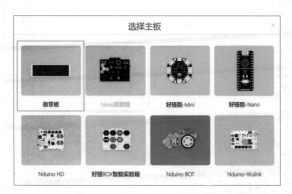

图 9-24　选择主板为徽章板

接下来，我们编写图 9-25 所示的程序。接收到打印指令的时候开始打印，没有接收到打印指令时，记录温度数据。

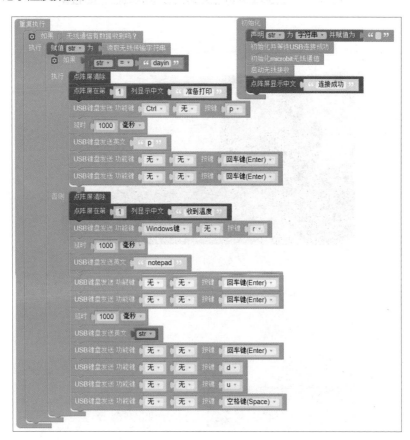

图 9-25　徽章板端程序

下载程序并运行，我们会看到掌控板测量到的温度经过 SIoT 物联网平台→ micro:bit →徽章板，最后显示在计算机的文档中，运行效果如图 9-26 所示。

图 9-26　运行效果

这时候触摸测温枪的 Y 引脚，即可利用热敏打印机将温度数据打印出来，如图 9-27 所示。

图 9-27　热敏打印机打印温度数据

至此，我们的体温采集并回传云打印系统就全部完成了。

总结

本次设计还可以再优化，比如将测量到的温度数据绘制成图表，会更加直观，再比如还可以测量一些不同环境下人体的温度，如下雨天和人们刚洗完澡、跑完步等情况下的温度数据。此外，还可以利用此平台采集一些其他的科学实验数据，如声强、光强、速度等。

造物让生活更美好，期待大家一起来开展更多好玩的科学探究实验。

桌面好物——时光抽屉

这次我给大家带来了一个制作很久的项目——时光抽屉（也可以叫抽屉时光钟）。

创客们的房间一定和我的房间一样，堆满了很多有趣的、别人看不懂的东西。我想买一个放在桌面的收纳零件的盒子，在网上看了好久，发现尺寸都是固定的，不能满足我所放位置的要求（我打算把它放在办公桌靠窗户的位置），另外价格也比较高，于是就想自己利用激光切割机制作一个木制的抽屉式收纳盒子。

擅长激光切割的朋友们一定做过不少木制盒子了，图纸可以直接拿来使用，尺寸也可以自由更改。不过只放一个收纳盒子有点单调，我的房间正好缺一个抬头就可以看到的时钟，不如在上面再加个时钟吧。我看过国外创客做的 3D 打印的各种时钟，如果这次我能把时钟和木制的抽屉式收纳盒子融为一体，应该会非常吸引眼球。它的功能包括：基本收纳功能，时间、日期显示功能，温 / 湿度实时反馈功能，灯光颜色切换功能。

方案确定

为了节约空间，同时方便使用，我打算将时光抽屉放置在窗台上，尺寸正好是一扇窗户玻璃的大小。

尺寸确定下来后，开始确定硬件方案。本次制作时光抽屉，从图纸设计、修改，组装到程序调试，前后大概用了一个月的时间。我需要讲解一下在主控及一些硬件的选型方面尝试过的方案。

我曾经试过 Arduino Nano（见图 10-1）+DS1302 时钟模块（见图 10-2）+OBLOQ 物联网模块（见图 10-3）方案、ESP8266（见图 10-4）方案、ESP32（见图 10-5）方案、ESP8266 D1 mini 方案，最终确定了两个版本：联网版本用 ESP8266 或者 ESP32 实现，

物联网平台尝试过 Easy IoT 和 Blynk，因为 Easy IoT 手机端的小程序运行不是很流畅，综合比较后决定使用 Blynk；不联网版本，主控采用 Arduino Nano，时间获取选用 DS1302 时钟模块。两个版本都加入了 DHT11 温 / 湿度传感器获取温 / 湿度数据，并加入了触摸传感器来切换模式。硬件清单见表 10-1。

表 10-1　硬件清单

序号	名称	数量
1	2.5mm 厚奥松板（600mm×400mm）	15 块
2	2mm 厚白色亚克力透光板（A4 纸大小）	2 块
3	船形开关	1 个
4	DHT11 温 / 湿度传感器	1 个
5	DS2812 灯带，72 个灯珠	1 个
6	DC 充电口	1 个
7	Firebeetle ESP32+ 扩展板（或 Arduino Nano+ 扩展板）	1 个
8	touch 触摸传感器	1 个
9	DS1302 时钟模块（非联网版本可选）	1 个
10	插座	1 个
11	灯带连接导线	若干
12	杜邦线	若干

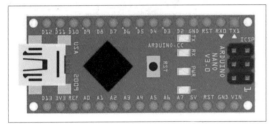

图 10-1　Arduino Nano

图 10-2　DS1302 时钟模块

图 10-3　OBLOQ 物联网模块

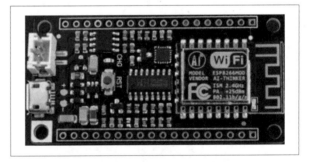

图 10-4　ESP8266

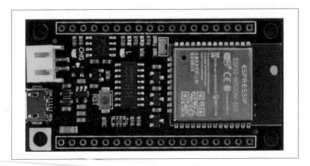

图 10-5　ESP32

图纸设计

（1）我用卷尺测量窗户，确定时光抽屉的尺寸为 660mm×305mm，放在窗台上正好（见图 10-6）。

（2）总体大小确定后，开始绘制手稿（见图 10-7）。

图 10-6　测量窗户

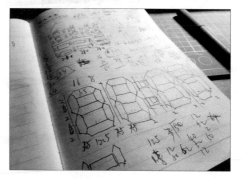

图 10-7　绘制手稿

（3）根据手稿利用 AutoCAD 软件设计激光切割图纸（见图 10-8）。

（4）木材选用 2.5mm 厚的奥松板。本次制作使用的板材确实非常多，大概使用了 15 块 600mm×400mm 的奥松板（见图 10-9）。

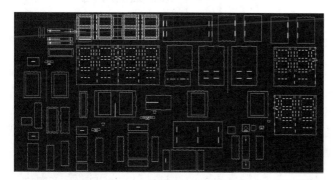

图 10-8　设计激光切割图纸

图 10-9　使用的奥松板

电路设计

时光抽屉的电路部分，我设计了两套方案，都经过了验证。第一套方案主控采用 ESP32，通过 Blynk 获取网络时间，由灯带显示时间，同时向手机 Blynk 客户端发送采集到的温/湿度数据，连接如图 10-10 所示。

需要注意的是，ESP32 或者 ESP8266 这类主控，编程时的引脚编号和连接时的引脚编号是不一致的，连接时我们按照丝印以"D"开头的编号连接，编程时需要按照"IO"接口编号编程（见图 10-11）。

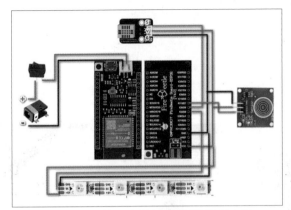

图 10-10　第一套方案的硬件连接示意图

图 10-11　ESP32 的引脚编号

第二套方案采用 Arduino Nano 作为主控，增加 DS1302 获取时间，由灯带显示时间，用户通过触摸按键可以查看当前的温 / 湿度信息，温 / 湿度信息也由灯带显示，连接如图 10-12 所示。

灯带走线方式如图 10-13 所示。关于灯带是如何显示时间的，其实我们把它看作一个通过一个个灯珠连接起来的超大号 4 位数码管就好理解了。

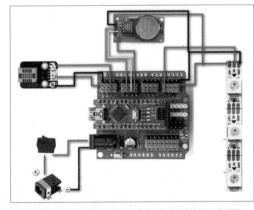

图 10-12　第二套方案的硬件连接示意图

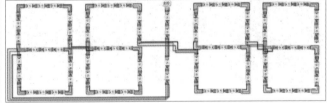

图 10-13　灯带走线方式

结构拼装

（1）时光抽屉的尺寸是按照我家窗户大小设计的，超出激光切割机的加工尺寸范围（600mm×400mm），所以我采用了拼版切割后组装的方式设计，图 10-14 所示为背板。

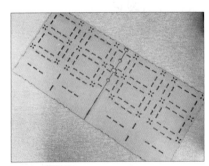

图 10-14　背板

（2）图 10-15 所示为安装灯带的骨架，可以起到相邻的灯带之间不透光和固定灯带的作用。灯带骨架安装完成的效果如图 10-16 所示。

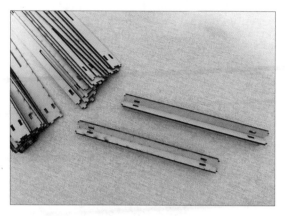

图 10-15　骨架

图 10-16　骨架安装效果

（3）时光抽屉包含 3 种尺寸的抽屉，我简单地把它们称为大号抽屉、中号抽屉和小号抽屉。大号抽屉和中号抽屉都有 8 个，小号抽屉有 2 个，每种抽屉都由抽屉框架和抽屉盒组成。两个小号抽屉的主要作用是放置主控和显示时钟走秒闪烁的两个点，8 个中号抽屉周围的灯带构成了 4 位数码管（见图 10-17）。

图 10-17　3 种尺寸的抽屉

（4）图 10-18 所示为中号抽屉的框架，它由上、下、左、右 4 个面组成。为了减轻重量和节约材料，所有框架都设计成了镂空的样式。

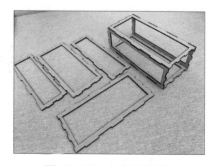

图 10-18　中号抽屉框架

（5）中号抽屉框架和小号抽屉框架安装完成（见图10-19）。

（6）接下来就是抽屉的组装。每种类型的抽屉都由5个面和一个拉手组成，图10-20所示为小号抽屉，小号抽屉还增加了一块中间的隔板，圆形的白色亚克力板为走秒灯珠的透光板。

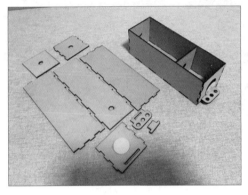

图10-19　中号、小号抽屉框架安装效果　　　　　　图10-20　小号抽屉

（7）图10-21所示为中号抽屉。将小号抽屉和中号抽屉装配在抽屉框架上（见图10-22）。

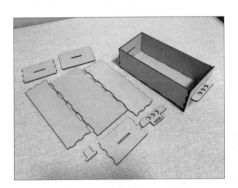

图10-21　中号抽屉　　　　　　　　　　图10-22　安装小号、中号抽屉

（8）图10-23所示为大号抽屉。接下来我们来看一下组装大号抽屉框架所需的板材（见图10-24）。图10-25所示为大号抽屉框架的顶板和底板中最大的两块，需要说明的是，由

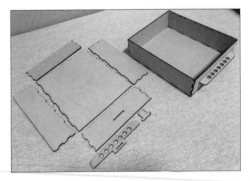

图10-23　大号抽屉　　　　　　　　　　图10-24　大号抽屉框架板材

于加工尺寸的限制，每个顶板或底板都由一块大板和两块小板拼装而成。

（9）到此为止，组装工作已经进行了一大半了（见图 10-26），接下来，我们继续组装剩余的框架部分。

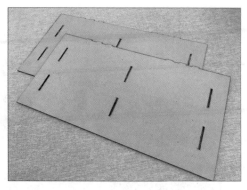

图 10-25　大号抽屉框架顶板和底板中的大板

图 10-26　完成部分组装的效果

（10）图 10-27 所示为安装灯带的支架，它们是放置在灯带骨架上的。3 种抽屉、灯带骨架和外框架都安装好后，效果如图 10-28 所示。

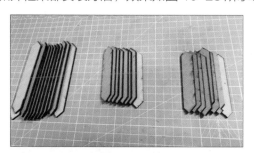

图 10-27　支架

图 10-28　抽屉、灯带骨架、外框架安装效果

（11）前面板如图 10-29 所示，设计为镂空的样子是为了透光。将加工好的白色亚克力透光板粘在前面板上（见图 10-30）。

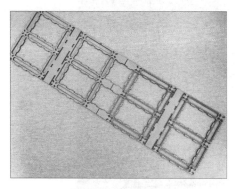

图 10-29　前面板

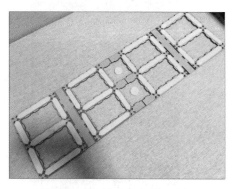

图 10-30　粘上亚克力透光板

（12）接下来就是最后一步——灯带的安装和连接（见图 10-31），这一步需要耐心地按照图 10-10、图 10-12 和图 10-13 焊接电路。

（13）封上面板就制作完成了（见图 10-32），是不是感觉漂亮多了？我将传感器安装孔位留在了背面，测试后感觉不太方便，于是调整了一下位置，将传感器放置在顶板上。

图 10-31　安装和连接灯带

图 10-32　整体效果

Blynk 客户端设置

非联网版本可以跳过此步骤。

（1）在手机应用商店搜索 Blynk App 并下载、安装，PC 端可以下载 Mu 模拟器，在模拟器中安装 Blynk App。安装完成后，单击绿色的 Blynk App 图标，打开之后界面如图 10-33 所示，单击"Create New Account"（注册新用户），然后在注册页面输入邮箱和密码完成注册。

（2）登录已经注册好的账号后，通过单击"New Project"新建项目（见图 10-34）。

图 10-33　Blynk App 界面　　　　图 10-34　新建项目

（3）在"Project Name"一栏输入项目名称。第二栏可以选择硬件类型，我们可以选择ESP8266，也可以选择 ESP32，这里的硬件类型对程序没有太大影响。第三栏可以选择连接方式，默认是 Wi-Fi 连接，也可以选择蓝牙等其他方式连接，本次我们使用 Wi-Fi 连接就可以了（见图 10-35）。

（4）然后单击"Create Project"按钮，App 会询问是否向邮箱发送一封包含授权码的邮件，单击"OK"按钮即可创建项目并接收这份邮件（见图 10-36），你也可以在项目中找到该授权码，这个授权码是很关键的数据，在编程时会用到。

（5）单击右上角的六边形可以进入项目设置界面，在下方也可以看到授权码的信息（见图10-37）。

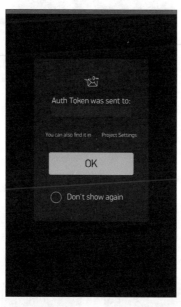

图 10-35　输入项目名称并选
　　　　　　择硬件类型、连接方式

图 10-36　接收包含授权码的邮件

图 10-37　项目设置界面

（6）向左滑动可以添加组件，组件列表如图 10-38 所示，选择"Vertical Slider"为RGB 灯带添加组件。

（7）灯带 RGB 颜色控制组件的参数设置如图 10-39 所示，3 种颜色都选择虚拟引脚（V0~V2），数值都为 0~255。

（8）为了能显示温/湿度传感器监测到的温度值和湿度值，我们需要用到一个"SuperChart"组件（见图 10-40），该组件可以显示多种类型的数据图表。

图 10-38　组件列表

图 10-39　设置灯带颜色控制

图 10-40　"SuperChart"组件
组件参数

（9）先将组件的名称设置为"温湿度"，在该组件中，我们需要添加两条数据源，先单击"Add DataStream"添加第一条数据源，将名称修改为"温度"，然后继续添加第二条数据源，将名称修改为"湿度"（见图 10-41）。

（10）接下来单击"温度"数据右侧的设置按钮，将温度数据的输入引脚设置为"V4"，颜色设置为红色，其他项设为默认（见图 10-42）。使用同样的操作方法将"湿度"数据的输入引脚设置为"V5"，颜色设置为蓝色，其他项设为默认。设置完成后，就可以在"SuperChart"组件页面看到温 / 湿度数据了，如果还有其他数据，也可以按照上述方法继续添加。

图 10-41　设置"Super-
Chart"组件参数

图 10-42　设置温度参数

程序设计

开发环境

程序使用 Mixly 编写。首先选择对应的板卡型号，如图 10-43 所示。这一步很重要，如果程序编写完成后再选择板卡，可能会导致已经编写好的程序丢失。

图 10-43　选择对应的板卡型号

物联网初始化

"Blynk 物联网"模块是本次作品联网版本获取时间和温 / 湿度信息的关键，我们在模块类别"网络"下选择"Blynk 物联网"，将"服务器信息"模块拖动到代码区（见图 10-44）。

然后将服务器地址、Wi-Fi 名称和密码、Blynk 授权码填入"服务器信息"模块中（见图 10-45），注意这里的服务器地址和授权码要与 Blynk App 端的内容一致。

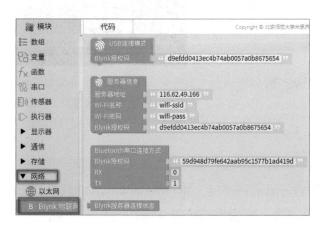

图 10-44　将"服务器信息"模块拖动到代码区

图 10-45　将服务器地址、Wi-Fi 名称和密码、Blynk 授权码填入"服务器信息"模块中

获取 RGB 值

灯带颜色可以通过 RGB 数值来控制，我们需要从 Blynk App 端获取 RGB 数据，因此需要拖动 3 个"从 App 获取数据"模块到代码区，新建 R、G、B 3 个变量用来分别接收 V0、V1、V2 3 个虚拟引脚的数值，如图 10-46 所示。

图 10-46　使用 3 个"从 App 获取数据"模块获取 RGB 数据

获取温 / 湿度数据

我们采用 DHT11 温 / 湿度传感器来获取温 / 湿度数据，通常的做法是将数据反馈在显示屏中，本次我们需要将获取的温 / 湿度数据发送至 Blynk App，因此还需要将"控制"类别的"简单定时器"模块和"网络"→"Blynk 物联网"类别的"发送数据到 App"模块拖动到代码区，接着需要分别设置温度和湿度两个变量，用来获取 DHT11 的温 / 湿度数据，并通过"发送数据到 App"模块将变量中的数据发送到 Blynk App（见图 10-47）。"DHT11 传感器"模块在"传感器"类别中可以找到。

图 10-48 所示为 Blynk App 收集到的温 / 湿度数据，可以看出 9 月份我家里的温度为 28℃左右，湿度为 75%RH~77%RH。

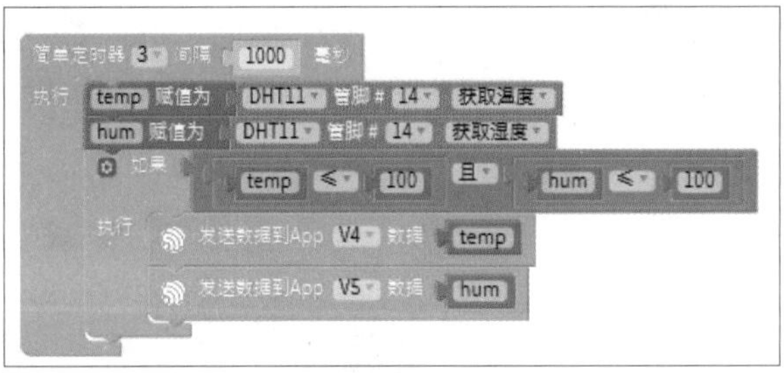

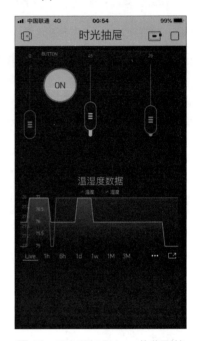

图 10-47　将获取的温 / 湿度数据发送至 Blynk App 的程序

图 10-48　Blynk App 收集到的温 / 湿度数据

初始化程序

接下来编写初始化程序（见图 10-49），初始化程序第一眼看上去有点长，其实不用害怕，中间设置变量的模块可以先不看，比较关键的只有两部分内容：第一部分是通过网络获取 NTP 时间，第二部分是对灯带的初始化。有经验的朋友一看就明白了，我们在"网络"→"Wi-Fi"类别中选择"NTP 时间服务器"模块，对应填入 Wi-Fi 账户和密码、NTP 时间服务器地址，其他内容按默认即可，此模块可以获取服务器的网络时间。我们在"执行器"类别中选择"RGB 灯初始化"模块，引脚设置为 2 号，灯数设置为 72，亮度设置为 100。

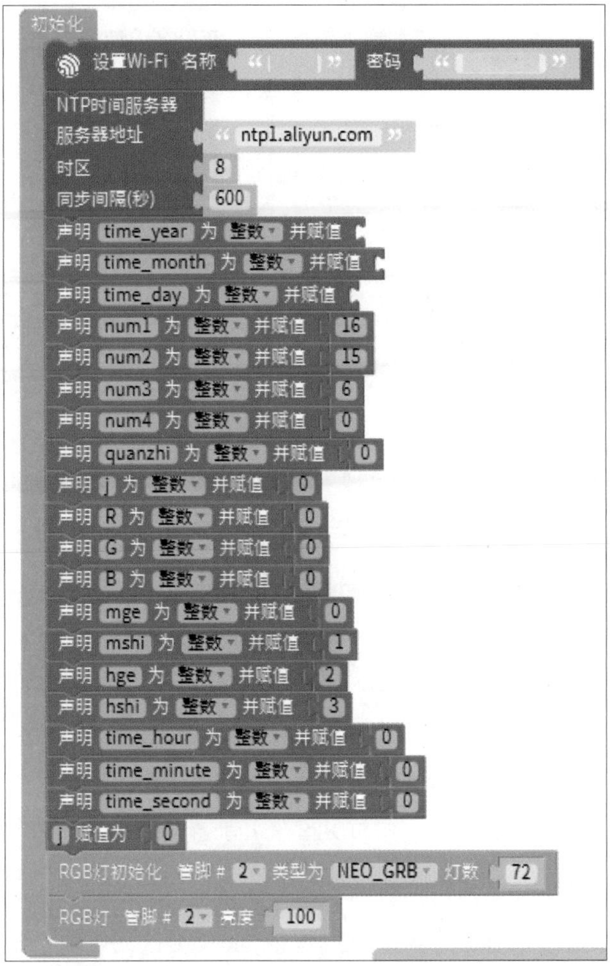

图 10-49 初始化程序

数字显示函数

我们来了解一下时光抽屉是如何通过灯带显示时间的。将灯带绕制成数码管的样子后，如果每一个灯珠都能被我们控制的话，理论上显示时间是没有问题的，无非就是 0~9 的数字组合，那么问题就变得简单了：灯带如何显示数字 0~9 呢？这时候我们就需要一个带编号的灯带布局图了（见图 10-52），每一个灯珠都有固定的编号，总共 72 个灯珠按照一定的连接顺序构成了两个闪烁的点和 4 个数字"8"，也可以把它看成是 4 位数码管加中间走秒的两个点。

灯带清除显示

接下来我们来掌握如何控制 RGB 灯带显示内容。我们先来学习清除显示，其实就是什么都不显示，颜色选为黑色，程序如图 10-50 所示。如果 72 个灯珠，每一个都设置成黑色，需要 72 个模块，显然有点烦琐，这时可以利用一个 for 循环简化程序。循环结束后需要放置一个"RGB 灯设置生效"模块才有效果。为了方便，我们可以将清除显示程序设置成一个自定义函数，取名为"clear"。

设置灯珠颜色的方法有两种，如图 10-51 所示：单击模块有颜色的地方可以选择喜欢的颜色；使用 RGB 数值的组合也可以设置颜色，每种数值的范围都是 0~255，总共有 256×256×256= 16 777 216 种颜色。

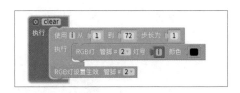

图 10-50　清除显示程序

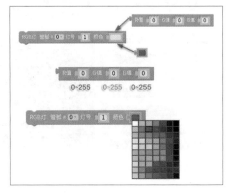

图 10-51　设置灯珠颜色的两种方法

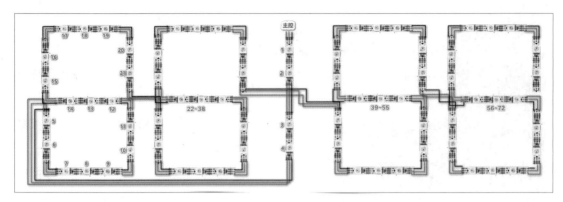

图 10-52　带编号的灯带布局图

假设我们要在 56~72 号灯珠（也就是 4 位数码管的最后一位）显示一个数字 0，我们可以通过图 10-53 所示的程序来实现。变量 num1 和 num2 分别表示灯带显示的起始循环编号，要显示数字 0，我们要将数码管中间的灯珠熄灭，其他的灯珠都点亮，中间的 3 个灯珠编号分别为 63、64、65，将它们设置为黑色就可以让它们熄灭。你可能会有疑问，63-17x 这个公式是什么意思呢？其实就是为了方便，我们只需要改动变量 x 的数值（范围为 0~3）就可以让目前显示的数字 0 显示在数码管的第一位、第二位、第三位或者第四位。理解了熄灭灯珠的程序，我们来看点亮灯珠的程序。点亮灯珠的程序利用了一个 for 循环，灯号设置用到了刚才的公式，颜色设置由 Blynk App 获取到的 RGB 数值决定，循环 7 次后可以将除了中间 3 个灯珠以外的其他灯珠点亮，数字 0 就显示出来了。

如果你能理解显示数字 0 的程序，就不难理解显示数字 1~9 的程序，只需要改动灯珠的编号就可以了，这里就不展开讲解了。

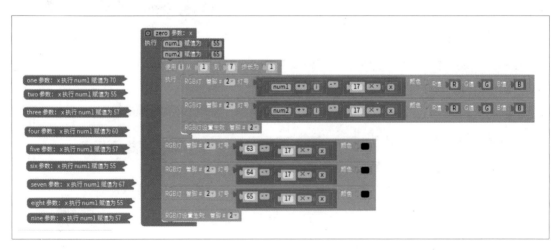

图 10-53　显示数字 0 的程序

流水灯动态效果

时间数字可以显示后，我们来完成一个有趣的流水灯动态效果，让所有横向的灯珠按照从左往右的顺序依次点亮，然后再按照从右往左的顺序依次熄灭，具体程序可以参考图 10-54。在从左往右点亮或者从右往左熄灭之前，我们需要设置好起始位置灯珠的编号，因为是 3 行同时进行的，所以需要设置 3 个变量分别表示 3 个不同灯珠的编号，然后通过一个 for 循环实现一位上的灯珠依次点亮或者熄灭，外层再嵌套一个 for 循环，实现 4 位上的灯珠全部依次点亮或者熄灭，变量 quanzhi 的作用就是切换位数。程序测试成功后，我们同样可以把流水灯程序封装成一个自定义函数，取名为 length。

时间、日期显示

接下来我们来设置时间、日期的显示程序。年、月、日、时、分、秒的变量分别为 time_year、time_month、time_day、time_hour、time_minute、time_second，分别从 NTP 时间服务器获取对应的时间信息。为了让程序中的时间和实际的时钟同步，需要每秒更新一次数据，这就需要将时间程序放置在一个简单定时器中，间隔时间为 1000ms，程序如图 10-55 所示。简单定时器中除了获取时间的

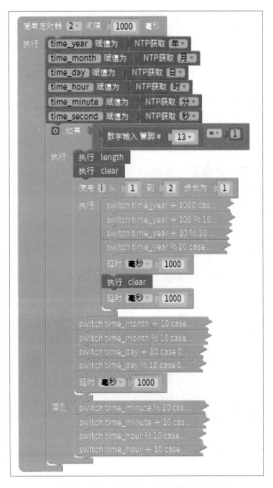

图 10-54 流水灯程序　　　　图 10-55 时间、日期显示程序

程序外，就是显示时间数据的程序了，因为时光抽屉每次只能显示 4 位数字，所以不能一次将信息全部显示出来，我们只能将年、月、日和时、分、秒分开处理，这里使用了一个"如果……执行……否则……"模块来切换显示年、月、日和时、分、秒。我们在 13 号数字引脚上连接一个触摸传感器，当触摸传感器没有被触摸时，默认显示小时和分钟的信息，秒钟信息由中间的点间歇闪烁来表示；当触摸传感器被触摸时，先显示流水灯的动态效果，再显示年 1s，上述两个动作重复两次后，再显示月、日 1s。

了解了时间、日期的基本显示原理后，我们来展开其中某个程序进行讲解。首先来看触摸传感器没有被触摸时，也就是默认情况下显示的分钟信息，这里用到了一个 switch 模块。我们知道分钟的范围是 00~59，也就是一个两位数，我们需要对分钟的个位数和十位数分别进行显示，提取个位数的方法是求"time_minute%10"的结果，然后按 case 0~9 分别处理，程序如图 10-56 所示。变量 mge 用来确定显示的数字应该出现的第几位上，如果 mge 的数值为 0，数字就会显示在最后一位上；如果 mge 的数值为 1，数字会向前移动一位，以此类推。

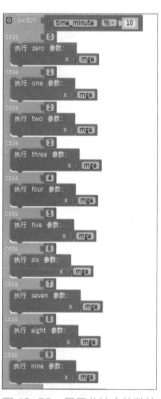

图 10-56　显示分钟个位数的程序

分钟的个位提取出来并能成功显示后，接下来提取分钟十位上的数字，方法是求"time_minute/10"的结果，然后按 case 0~9 分别处理，程序如图 10-57 所示。变量 mshi 用来确定显示的数字内容应该出现在第几位上。秒钟的处理方法和分钟的处理方法类似，这里就不再重复讲解了。

下面我们来看日期的显示程序，我们通过年份的提取来进行讲解，年份一般为 4 位数，也就是需要提取千位、百位、十位、个位上的 4 个数字，方法其实类似，还是需要用 switch 模块，只是公式分别换成"time_year/1000""（time_year/100）%10""（time_year/10）%10""time_year%10"。

离成功还差最后一步了哦，我们还需要将走秒的闪烁程序设定一下。显示走秒的灯珠编号是 1~4，闪烁的效果通过灯珠的间歇亮灭来实现，这里设置了一个判断变量 j 的奇偶性的程序，当 j 的值为偶数时，灯珠点亮；当 j 的值为奇数时，灯珠熄灭。将程序放置在间隔时间为 500ms 的简单定时器中，如图 10-58 所示。

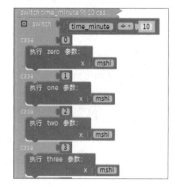

图 10-57　显示分钟十位数的程序（部分）

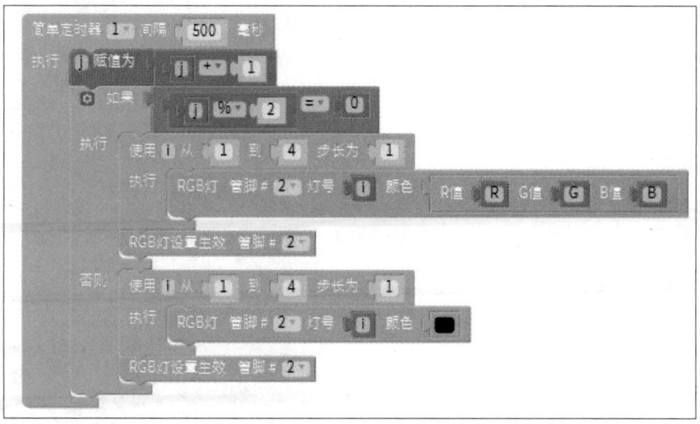

图 10-58　走秒的闪烁程序

到此为止，程序的所有功能都讲解完了。

非联网版的程序

对比以 ESP32 为主控的联网版的程序，以 Arduino Nano 为主控的非联网版的程序改动的地方有 3 处，其余都一样。

第一处是采用 DS1302 模块获取时间，如图 10-59 所示。

第二处是增加了双击触摸传感器调节灯带颜色的功能，如图 10-60 所示。

第三处是显示温 / 湿度数据的程序不同，联网版是从 Blynk App 获取数据的，非联网版直接显示 DHT11 获取温 / 湿度的数据（见图 10-61）。

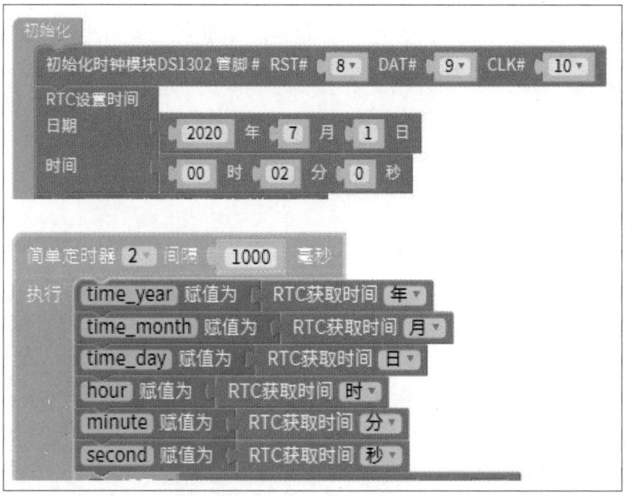

图 10-59　采用 DS1302 模块获取时间的程序

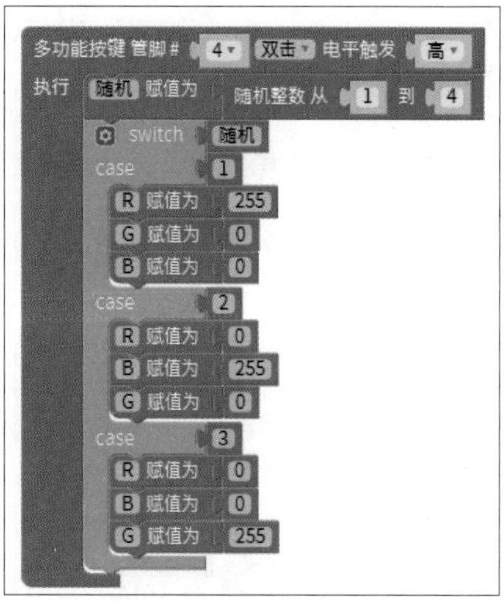

图 10-60　双击触摸传感器调节灯带颜色的程序

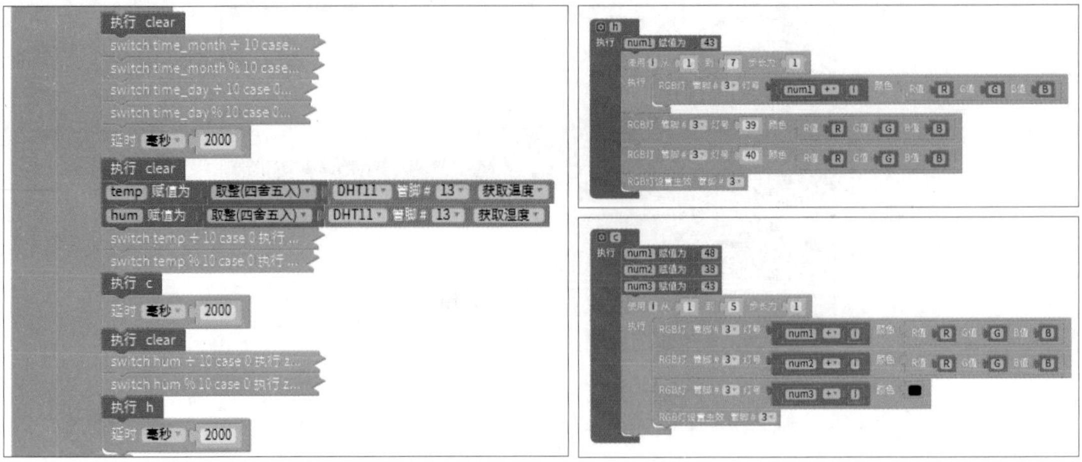

图 10-61 显示温/湿度数据的程序

总结

我打算把时光抽屉放在家里办公桌窗台的位置，长度是 66cm，但由于激光切割机的幅面只有 600mm×400mm，不能加工那么大尺寸的材料，只好在设计时将面板分开设计，再组装到一起。抽屉为了抽拉方便，还是需要预留足够的间隙的。安装时需要注意，抽屉框架只需要和背板固定，不要将抽屉框架与十字支架打胶固定死，如果固定后并不是垂直的，最后就会导致前面板安装比较困难。我给作品增加了传感器来测量温/湿度，设计时的孔位预留到了背面，其实可以放置在顶板上，还好之前设计时多留了两个狭长的插孔，正好可以安装传感器。中间灯带的走线，需要预留穿线孔，否则走线会是一个特别大的问题。

我从每次的造物过程中都可以学到很多知识，积累很多经验，让自己以后的作品避免"踩坑"。其实造物就是一个不断"踩坑"、不断"填坑"的过程，希望大家能够一起动手造起来，让造物解决所有焦虑和不安。造物让生活更美好。

用 ESP32 点亮 10 片透明亚克力板重温百年党史

　　2021 年是中国共产党成立 100 周年，我以拟辉光管时钟为灵感，以庆祝中国共产党成立 100 周年为主题，设计了一个作品。让我们跟随这个作品一起回顾中国共产党的光辉历程！

方案介绍

　　1921 年至今，祖国发生了翻天覆地的变化。我们脚下的这片热土，如今拥有世界第一公路里程、世界第一高铁里程、世界第一架桥技术、世界第一巨型水电站建设技术，从"嫦娥"探月到"天问"登陆火星，从神舟一号到神舟十二号，从北斗组网到 5G 商用，从和谐号到复兴号……这一切都彰显了我国的实力和魄力。我选取了中国共产党成立 100 周年来具有代表性的 10 件大事，将其对应的图案刻制在 10 片大小为 40mm×60mm 的亚克力板上，并使用 WS2812 灯珠点亮它们。选择代表性事件所对应的图案十分关键，既要有代表性，又不能太复杂，最好还能体现一下科技感，接下来让我们一起跟随这 10 件大事重温百年党史（见图 11-1）。

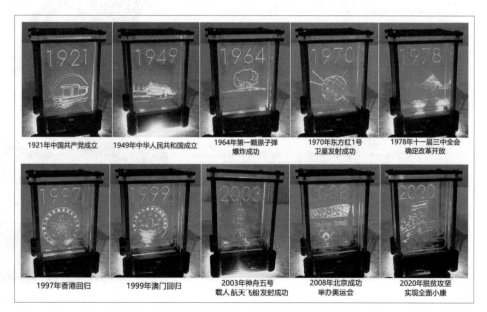

图 11-1　刻有图案的亚克力板所代表的大事

当然，可以展示的内容远远不止这些，比如我们还可以展示我国的跨海大桥、水电站、空间站、5G、蛟龙号……感兴趣的伙伴可以尝试一下。

此次作品采用 ESP32mini 作为主控板，它自带的蓝牙和 Wi-Fi 功能可以让我们更加方便地远程操控。为了压缩体积和减少接线，我特意设计了一款带有 20 颗 WS2812 灯珠的 PCB，如图 11-2 所示。

方案确定好后，我们就可以展开设计了。在展开设计前，我们先来看一下都用到了哪些硬件材料，硬件清单如表 11-1 所示。

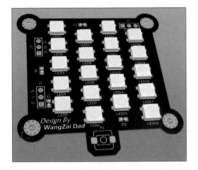

图 11-2　带有 20 颗 WS2812 灯珠的 PCB

表 11-1　硬件清单

序号	名称	数量
1	ESP32mini	1 个
2	RGB 灯板（带有 20 颗 WS2812 灯珠的 PCB）	1 个
3	200mAh 501230 锂电池	1 个
4	黑色亚克力板（200mm×200mm×2mm、200mm×200mm×3mm、200mm×200mm×4mm）	各 1 块
5	透明亚克力板（200mm×200mm×2mm、200mm×200mm×3mm、200mm×200mm×4mm）	各 1 块
6	滚花铜柱、螺栓、螺母等五金件	若干
7	导线、数据线	若干

图纸设计

准备好所需的硬件后，我们使用 LaserMaker 设计软件设计图纸。我将固定的通孔以圆弧的形式放置在了 4 个角，为了方便下载程序和使用开关，我将中间层的亚克力板设计成了半开放的状态，设计图纸如图 11-3 所示。使用激光切割机加工出来的实物如图 11-4、图 11-5 所示。

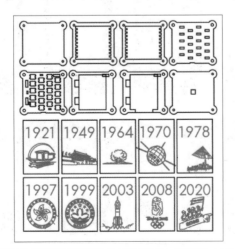

图 11-3　设计图纸

图 11-4　使用激光切割机加工出来的黑色亚克力板

图 11-5　使用激光切割机加工出来的 10 块透明亚克力板

电路设计

RGB 灯板设计

RGB 灯板的电路如图 11-6 所示，主要包含的部件有 WS2812 灯珠、无声轻触按键、电容、电阻。我们采用级联的方式串联 20 颗 WS2812 灯珠，每颗灯珠的引脚功能如图 11-7 所示。在电路中，我给无声轻触按键设计了一个上拉电阻，以确保信号稳定。

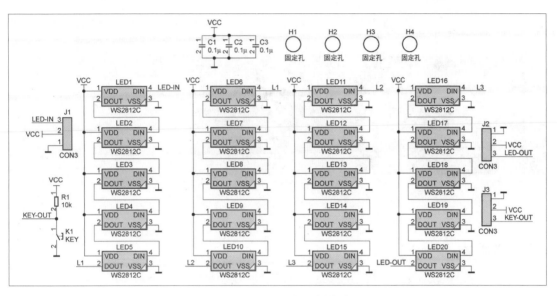

图 11-6　RGB 灯板的电路

图 11-7　WS2812 灯珠的引脚功能

原理图绘制完成后，就可以将其生成 PCB 文件并布线了（见图 11-8）。布线完成后，切换至三维模式查看 RGB 灯板的 3D 效果（见图 11-9）。最后检查没有问题，就可以送去打样了。在打样的过程中，我们需要准备表 11-2 所示的材料。等一切就绪（见图 11-10），我们就可以使用下一个项目介绍的用电熨斗改造的回流焊加热平台焊接 RGB 灯板了（见图 11-11），焊接成品如图 11-12 所示。

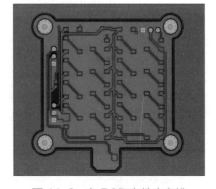

图 11-8　在 PCB 文件中布线

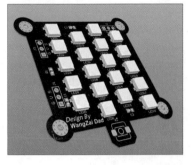

图 11-9　RGB 灯板的 3D 效果

图 11-10　打样成品及 RGB 灯板所需材料

图 11-11　用回流焊加热平台焊接
　　　　　RGB 灯板

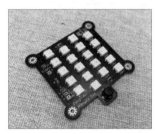

图 11-12　RGB 灯板焊接
　　　　　成品

表 11-2　材料清单

序号	名称	数量（个）
1	WS2812 灯珠	20
2	100nF 电容	3
3	无声轻触按键	1
4	10kΩ 电阻	1

电路连接

RGB 灯板焊接完成后，我们需要连接主控板与 RGB 灯板，并对其进行功能测试。从图 11-13 所示的电路连接示意图中我们可以看到，在 RGB 灯板的 OUT 输出端有一颗 LED，其作用是作为氛围灯安装在作品底部。

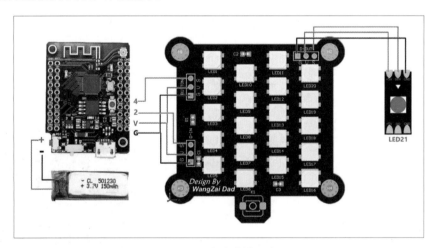

图 11-13　电路连接示意图

电路设计完成后就可以进入激动人心的组装环节了。

组装

作品的组装非常简单，只需几步即可完成。

（1）按照电路图将电源、RGB灯板、控制器焊接在一起（见图11-14）。

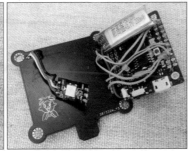

图11-14　焊接电源、RGB灯板、控制器

（2）组装灯片上顶板、下底板和滚花铜柱（见图11-15）。

（3）安装刻有图案的透明亚克力板（见图11-16）。

图11-15　组装灯片上顶板、下底板和滚花铜柱　　　图11-16　安装刻有图案的透明亚克力板

（4）将控制器、RGB灯板与亚克力外壳组装在一起（见图11-17）。

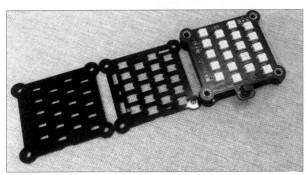

图11-17　组装控制器、RGB灯板与亚克力外壳

（5）用4颗螺栓将安装好的控制器部分固定在透明亚克力板下方（见图11-18）。

图 11-18　固定控制器部分

程序设计

开始程序设计前，我们需要先厘清思路。本次作品的程序设计思路如图 11-19 所示，分为按键控制和 Blynk 控制两部分，每部分有 3 种运行模式。

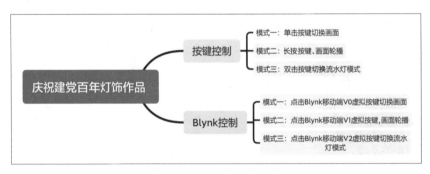

图 11-19　程序设计思路

按键控制

按键控制部分使用 Mixly 编程。我们先下载图 11-20 所示的参考程序，通过串口打印的方式查看按键的状态。我们观察串口监视器中输出的数据可以发现，当按键被按下时，输出低电平（0），当松开按键时，输出高电平（1），由此可知，我们所使用的按键是低电平有效的。

掌握了按键的状态后，我们就可以通过判断按键是否被按下、被按了几次、是否被长按来执行相

图 11-20　查看按键的状态

应的任务了。不过磨刀不误砍柴工，点亮亚克力板的实质其实是对灯珠的控制，我们先学习一下如何控制灯珠，再将灯珠控制的编程方法与按键控制的编程方法结合起来，碰撞火花。

要想让灯珠亮起来，我们需要先对它进行初始化设置，设置灯珠的数量、亮度，以及控制灯珠的引脚。此处需要注意，在 Mixly 中，灯珠亮度的调节范围是 0 ~ 255，如果设置的数值超过 255，程序会将输入的数值除以255，用除得余数作为灯珠的亮度。初始化设置完成后，我们参考图 11-21 所示的程序，编写一个简单的程序控制灯珠每隔 1s 点亮一次，需要注意的是每次点亮或者熄灭灯珠，都需要增加 "RGB 灯设置生效 管脚 #××" 积木才能达到预期效果。

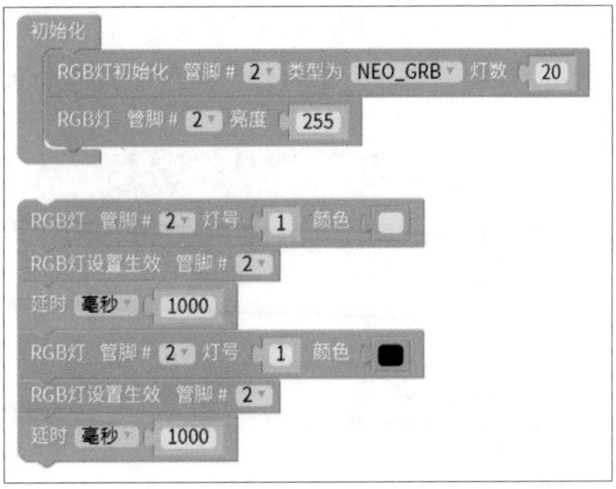

图 11-21　控制灯珠每隔 1s 点亮一次的参考程序

学会了控制 1 颗灯珠的方法，控制多颗灯珠也就没问题了，我们可以参考图 11-22 所示的程序，实现控制 20 颗灯珠亮成黄色。此处，我们除了可以将灯珠的颜色设置成 Mixly 内置的颜色，还可以通过调节 RGB 的值来给灯珠设置更加丰富的颜色，参考程序如图 11-23所示。

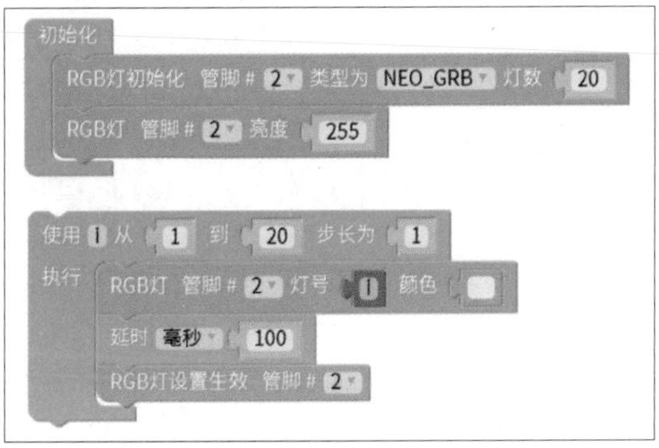

图 11-22　控制 20 颗灯珠亮成黄色的参考程序

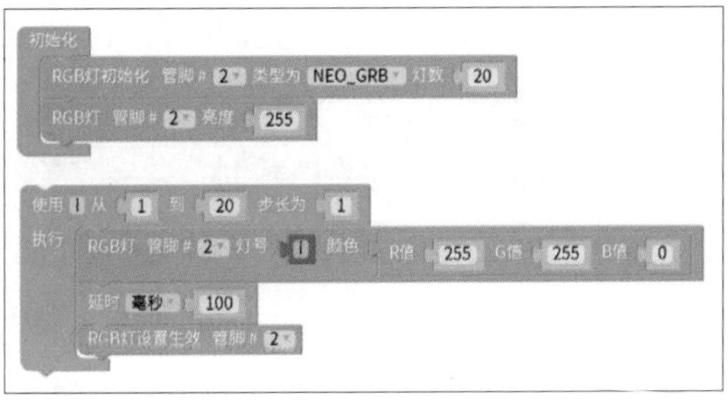

掌握了基本用法后，我们设计一个使灯珠亮黑色的函数，在后期想要呈现灯珠熄灭效果的时候使用，参考程序如图 11-24 所示。

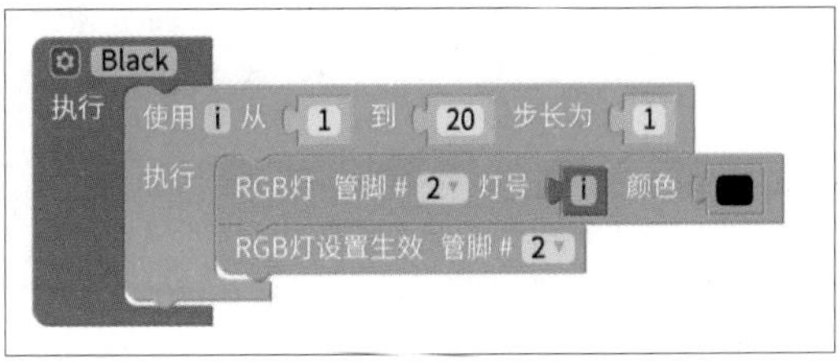

图 11-23　通过调节 RGB 值设置灯珠的颜色

接下来，我们介绍灯珠与按键结合控制的案例。因为我们只有 1 个按键，为了让它能完成更多功能，我们使用 "多功能按键 管脚#×××× 电平触发 ××" 积木，设置单击、双击、长按等功能。我们设置按键为 4 号引脚，低电平触发，当单击按键时，1 号灯珠亮黄色；

图 11-24　使灯珠亮黑色（熄灭）的函数

当双击按键时，先将所有灯珠熄灭，然后将所有灯珠依次点亮为白色，这里我们调用了前面封装好的 Black 函数；当长按按键时，所有灯珠熄灭，参考程序如图 11-25 所示。

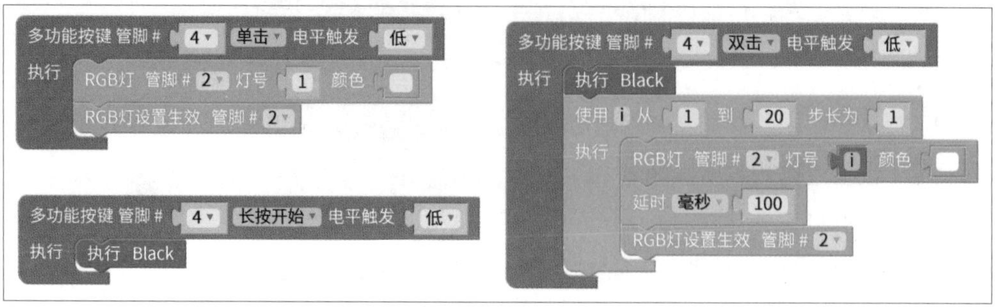

图 11-25　设置按键不同功能的参考程序

现在，我们学会了多功能按键的使用方法，观察 RGB 灯板可以看出，RGB 灯板中 20 颗灯珠是有序排列的。在设计 PCB 时，为了走线方便，单数列的灯珠按照由上往下顺序排列，双数列的灯珠按照由下往上的顺序排列（见图 11-26）。因为我们有 10 片透明亚克力板，所以每片透明亚克力板用 2 颗灯珠照亮，照亮的组合方式为单数列 1-11、2-12、3-13、4-14、5-15；双数列 6-16、7-17、8-18、9-19、10-20。

我们假设以按键的朝向为正前方，如果想由前往后点亮亚克力板，则需要先点亮双数列第 1 个组合 6-16，接着点亮单数列的第 1 个组合 5-15，以此类推。那么对应的程序该如何设置呢？因为是单数列的灯珠组合和双数列的灯珠组合进行切换，所以我们可以采用判断奇偶数的方法来切换。我们设置一个 count 变量作为记录按键按下的计数器，当 count 的值为奇数时，就点亮单数列的灯珠组合；当 count 的值为偶数时，就点亮双数列的灯珠组合。为了让灯珠的颜色能够变换，我们还可以继续改进程序，增加 R、G、B 这 3 个变量切换颜色，此处我们选用效果

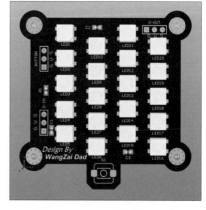

图 11-26　灯珠的排列顺序

比较明显的红色、绿色、黄色，使用 count 变量的值除以 3 取余数的方法来切换颜色。此部分的参考程序如图 11-27 所示。

在掌握了单击控制灯珠的方法后，双击和长按控制灯珠也将不再是什么难事。我们可以分别设置单击、双击、长按模式的函数，参考程序如图 11-28 所示。

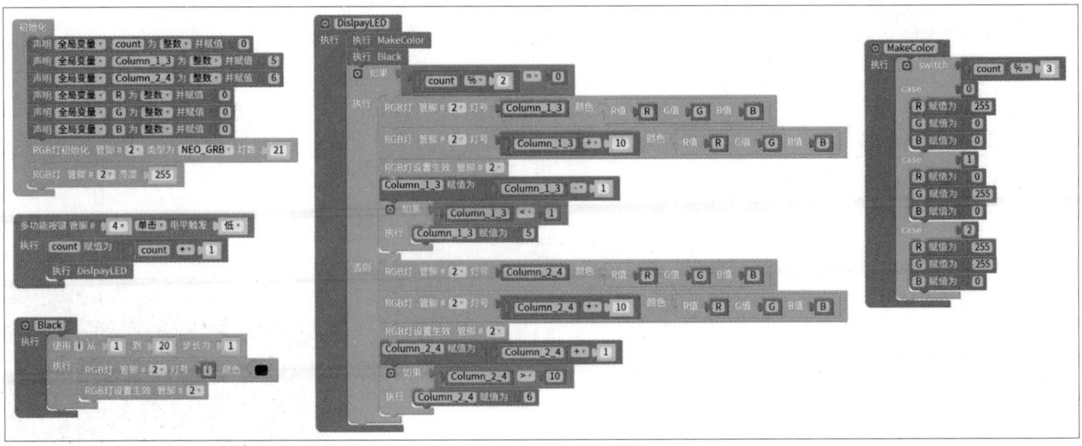

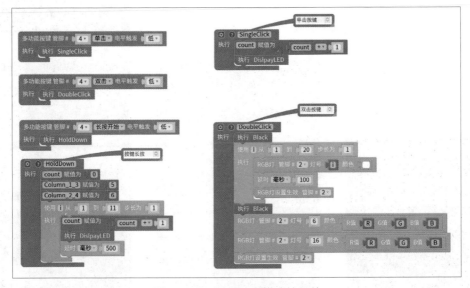

图 11-27　单击按键点亮亚克力板的参考程序

图 11-28　设置不同模式的函数

为了给作品增加氛围，我们还可以设置第 21 号氛围灯，参考程序如图 11-29 所示。

到此为止，我们已经实现了通过按键手动和自动控制灯珠。接下来，我们再做一些改进，就可以实现通过移动端 App 控制灯珠了。

图 11-29　增加氛围灯的参考程序

Blynk 控制

通过移动端控制灯珠，我们需要用到 Blynk。在编写程序前，我们需要设置 Blynk。

（1）单击"Login"登录账户。如果是第 1 次使用 Blynk，则需要先单击"Create New Account"注册账户再登录（见图 11-30）。

（2）单击屏幕中央的 3 个点符号按钮，选择服务器，可以选择系统默认的服务器，也可以自行输入服务器地址（见图 11-31）。

（3）单击"New Project"上方的"+"新建项目，输入项目名称为"建党 100 年"，选择设备为"ESP32 Dev Board"、连接方式为"BLE"，然后单击"Create Project"（见图 11-32）。

图 11-30　登录 Blynk App　　　　图 11-31　选择服务器　　　　图 11-32　新建项目

（4）单击"OK"按钮，Blynk 会向邮箱发送一封包含授权码的邮件。当然你也可以在项目中找到该授权码，这个授权码是 Blynk 与 ESP32 连接的关键，在编程时会使用到。除此之外，单击屏幕右上方的六边形可以进入项目设置界面，在设置界面的最下方也可以看到授权码（见图 11-33）。

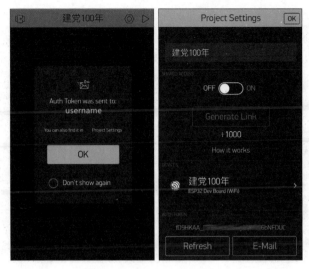

图 11-33　接收包含授权码的邮件

（5）进入我们所创建的项目，可以把项目界面理解为一个画布。我们通过向左滑动进入组件列表，将我们想要的组件——3 个 Button、1 个 BLE（beta）添加到项目界面（见图 11-34）。

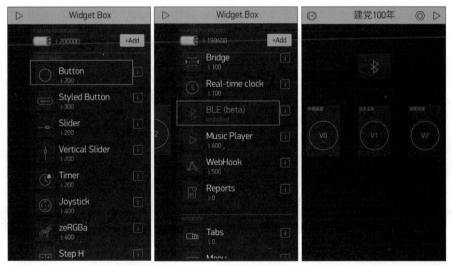

图 11-34　添加组件

（6）界面中的 3 个 Button 组件分别对应虚拟引脚 0、1、2，组件设置有"PUSH" "SWITCH"两种模式可选。在"PUSH"模式下，按下按键响应相应动作；松开按键，按键复位。在"SWITCH"模式下，按下按键锁定当前动作，直到再次按下按键才会复位。我们将 3 个 Button 组件统一设置为"PUSH"模式（见图 11-35）。

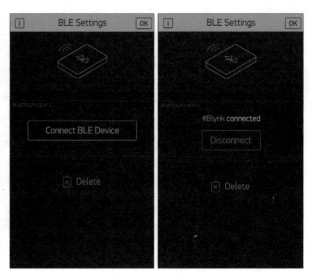

图 11-35　设置 Button 组件参数

图 11-36　设置 BLE 组件参数

（7）在 BLE 组件中，单击"Connect BLE Device"，寻找设备并连接。设备名称是在程序里设定好的（见图 11-36）。

设置好 Blynk 后，我们在 Mixly 中编写程序，参考程序如图 11-37 所示。通过测试得知，Button 组件被按下时的状态为 1，因此，我们在程序中设置虚拟引脚 0、1、2 分别触发 3 种模式，当 ESP32 接收到 Blynk 发来的消息时，RGB 灯板实现相应的功能。

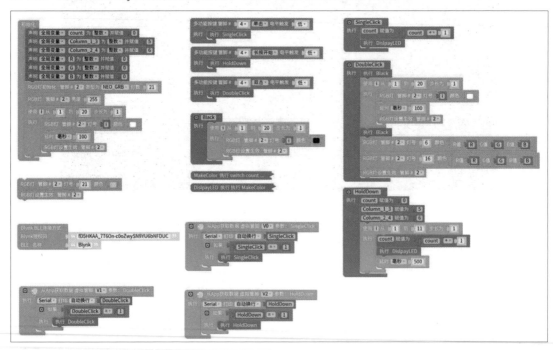

图 11-37　完整的作品参考程序

总结

本次作品的创意来源于拟辉光管时钟，我们向提供创意的前辈致敬。在这个作品的制作过程中，我们可以掌握激光切割亚克力板、PCB 制板等技巧，学会多功能按键、灯珠的编程方法，了解 Blynk 的使用方法……不足之处是，透明亚克力板增多后，显示效果会受影响。最后，我们来看一下成品（见图 11-38），让我们在中国共产党成立 100 周年之际回顾过去，在科技强国的探索之路上砥砺前行！

图 11-38　制作成品

12 用电熨斗改造的微型回流焊加热台

我最近想要吃烤肉，可是没有烤炉怎么办呢？家里有个破电熨斗，改改也许可以用，拿来试试吧。

不，故事不是这样的，重新再来。前不久我设计了一副"斜视矫正眼镜"，它是将所有电路做在一副眼镜中的，对电路的体积要求比较高。虽然作品已经完成了，但我还是想改进一下。要改进眼镜的电路部分就需要重新设计 PCB 了，于是我先设计了一块小型电路板练手，以便将丢失已久的 PCB 设计知识重新拾起来。PCB 设计好了，可是我没有贴片机，又不想手工焊接，怎么办呢？很早以前，我在网上看过国外有网友将电熨斗改造成回流焊加热台，还挺好用的，我家里正好有电熨斗，那就将它改造成一个微型回流焊加热台吧。我把它起名为 Micro Reflow Welder。请注意，本次分享的是一个模拟回流焊加工工艺的 DIY 作品，并非工业级的回流焊设备。

什么是回流焊

电子焊接技术广泛应用在电子制造领域，随着更小封装体积的贴片元器件的出现，电子产品更新换代的速度变得越来越快，PCB 的集成度也变得越来越高。而为了满足各种贴片元器件的焊接，回流焊工艺就应运而生了。目前，这一工艺在绝大多数电子产品领域已得到应用，我们的计算机、手机内使用的各种电子元器件都是通过这种工艺焊接到电路板上的。选择贴片元器件和回流焊工艺，厂家就可以设计、制作体积更加小巧的 PCB。

这种焊接设备的内部有加热平台，焊接时需要在 PCB 的焊盘上刷锡膏，接着将各种贴片元器件正确放置在焊盘上，当加热到足够锡膏熔化的温度时，电子元器件就会与 PCB 牢固地贴合在一起了。

而我们本次将 DIY 一个微型的回流焊加热台，加热平台选择电熨斗的加热板。

我们先来看一下电熨斗被拆开后的样子（见图 12-1），中间的旋钮部分通过物理方式来调节温度，电熨斗自带过载保护电路。我们只需要加热平台部分即可。

回流焊加热台需要具备温度调节、加热功率调节、冷却降温、电路保护等功能，接下来我们分别对这些功能进行介绍。

温度调节

在回流焊的焊接过程中，温度控制是非常关键的一个环节，整个过程大致分为 4 个阶段：预热、温度保持、回流、冷却。每个阶段的温度都需要精确控制，而温度检测功能对于回流焊设备来说就显得尤为重要了。

回流焊工艺的峰值温度不宜超过250℃，温度太高容易损坏元器件，所以我使用测温范围较大的 MAX6675 热电偶作为温度检测模块（见图 12-2），其测温范围为 0~1024℃，温度分辨率为 0.25℃。

加热功率调节

接着就是根据检测到的温度来调节加热功率，我使用一个可以直接输出 220V 交流电的晶闸管模块（见图 12-3）来调节加热功率。晶闸管模块自身的缺陷使电压不能完全降到 0V，也就是不能让电熨斗完全停止工作，所以我需要在电路中增加一个继电器模块，这样可以通过继电器让加热平台停止工作，也起到了安全保护的作用。

冷却降温

箱体中，我使用了一个 5V 的静音风扇，目的是让各种电子元器件不至于过热。而为了快速降低加热平台的温度，我使用了一个

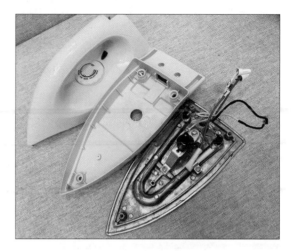

图 12-1　拆开后的电熨斗

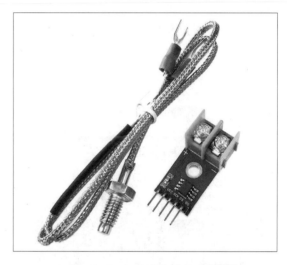

图 12-2　MAX6675 热电偶模块

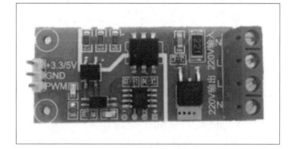

图 12-3　晶闸管模块

8000r/min 的风扇。控制风扇必不可少的就是电机驱动芯片，这次我本着有什么用什么的原则，使用了一个 L298N。我使用一个电位器来设定加热的目标温度，用一个按钮控制是否开始工作。最后我将所有检测到的数据显示在 0.96 英寸的 OLED 屏中。

因为本作品中接入了 220V 交流电，我们只需要再找一块手机充电头里的电路板，就可以将 220V 的电源经过转换给控制器供电了。这里需要强调的是，由于用到了强电，大家在制作和调试的过程中一定要注意安全。

制作所需的硬件见表 12-1 和图 12-4。

表 12-1 硬件清单

序号	名称	数量
1	Arduino Nano 主控板 + 扩展板	1 套
2	MAX6675 热电偶模块	1 个
3	晶闸管模块	1 个
4	数字按钮模块	1 个
5	电位器	1 个
6	继电器模块	1 个
7	0.96 英寸 OLED 屏	1 个
8	L298N 电机驱动模块	1 个
9	手机充电器电路板	1 个
10	5V 散热风扇	2 个
11	开关	1 个
12	AC 接口	1 个
13	电熨斗加热平台	1 个
14	方向臂	1 个
15	五金杜邦线	若干
16	3mm 厚奥松板（600mm×400mm）	若干

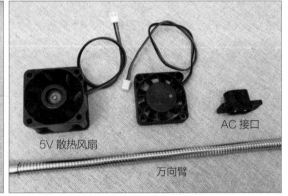

图 12-4 制作所需的部分硬件

图纸设计

我使用 Fusion360 软件设计微型回流焊加热台的 3D 模型（见图 12-5），利用 LaserMaker 软件处理激光切割图纸并使用激光切割机把结构件加工出来（见图 12-6），材料选择 3mm 厚的奥松板。

注：1 英寸为长度单位，1 英寸等于 25.4mm。

图 12-5 微型回流焊加热台的 3D 模型

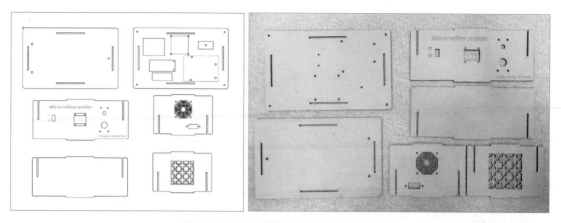

图 12-6 结构件激光切割图纸和成品

电路设计

微型回流焊加热台用到的电子元器件稍微有点多，电路连接如图 12-7 所示。主控板选择最普通的 Arduino Nano。为了给主控板提供 5V 电压，我拆解了一个手机充电器中的电路板来将 200V 交流电转换为 5V 直流电。在连接风扇电源线时一定要注意正负极，正负极反接是不会工作的，还有可能损坏风扇。

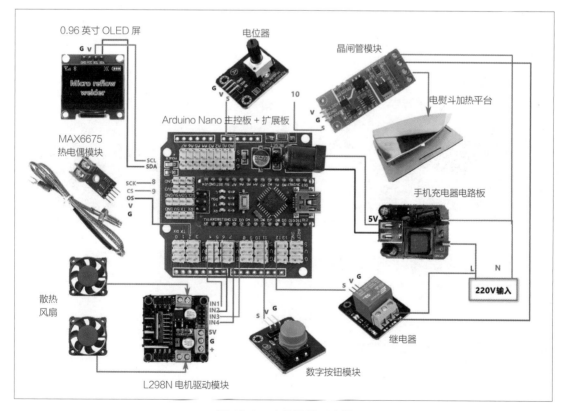

图 12-7 电路连接示意图

组装

（1）将 Arduino Nano 主控板、扩展板、MAX6675 热电偶模块、晶闸管模块、L298N 电机驱动模块、手机充电器电路板安装在底板上（见图 12-8）。

（2）将开关、OLED 屏、电位器和按钮模块安装在前面板上（见图 12-9）。

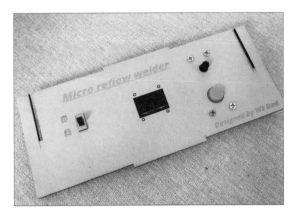

图 12-8　安装底板上的硬件　　　　图 12-9　安装前面板上的硬件

（3）将静音风扇和交流电源接口安装在右侧板上（见图 12-10）。

（4）将 8000r/min 的风扇的导线穿过万向臂，然后将万向臂安装在左侧板上（见图 12-11）。

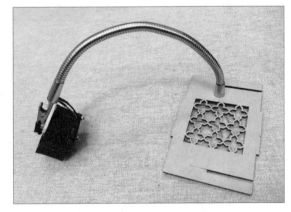

图 12-10　安装右侧板上的硬件　　　　图 12-11　安装左侧板上的硬件

（5）电子元器件安装完成后，将 4 块侧板拼装在一起，然后将它们与底板组合到一起，再按照电路连接示意图连接内部电路（见图 12-12）。

（6）将电熨斗加热平台安装在顶板上，并与前面已经安装好的部分拼装在一起。别忘记将测温电路和加热电路从顶板穿出，与加热平台连接起来（见图 12-13）。

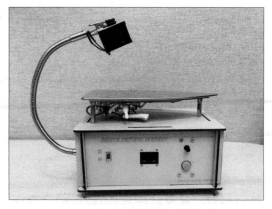

图 12-12　组合侧板与底板　　　　　图 12-13　安装电熨斗加热平台

程序设计

最后就是程序设计了。开始设计程序前，我们需要先捋一下微型回流焊加热台的运作方式（见图 12-14）。

程序使用 Arduino IDE 编写。

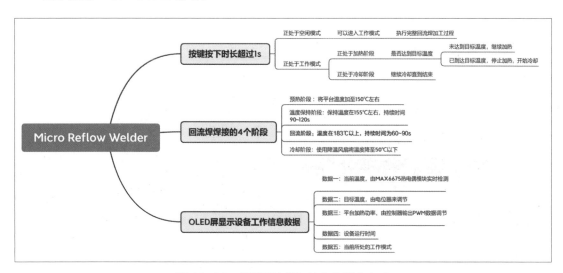

图 12-14　微型回流焊加热台的运作方式

温度测量

我使用 MAX6675 热电偶模块来检测温度，正确连接电路后，先来进行测试。打开 Arduino IDE，选择"库管理"，在搜索栏输入"MAX6675"关键词，找到 MAX6675_ Thermocouple 库文件并安装（见图 12-15）。

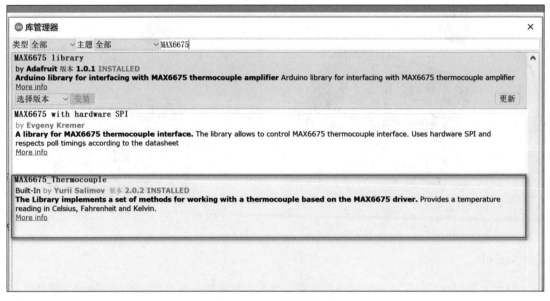

图 12-15 安装库文件

打开示例程序"MAX6675_Thermocouple"→"SerialReading",设定好引脚编号,选择正确的板卡和串口后下载程序并运行(见图 12-16)。

打开串口监视器,如果看到了 3 种不同单位的温度数值,说明程序运行成功了(见图 12-17)。这一步非常关键,意味着我们已经可以用 MAX6675 来测量温度,接着只需要将程序中以摄氏度(运行结果中以 C 表示)为单位的温度数据保留,将以开尔文和华氏度为单位的数据删除即可。

图 12-16 打开示例程序"SerialReading"

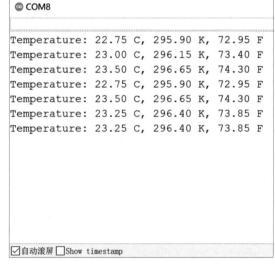

图 12-17 打开串口监视器,看到 3 种不同单位的温度数值

认真阅读示例程序，我们可以知道，温度数据是通过"delay(500)"这条指令实现每隔 0.5s 检测一次的，而本项目如果每次刷新都需要延时 0.5s，显然效率太低了。假如我们把这个等待时间删除，或者改成 0.05s，你又会发现由于刷新速度太快，温度数据检测不到了。该如何解决这个问题呢？我们可以引入一个定时器每隔 0.3s 检测一次温度数据，这样就不会影响主程序的运行了。

什么是定时器？我们可以把它简单理解为一个单独运行的闹钟，每隔一段时间就去执行设定好的事情，对主程序不产生任何影响。

定时器的用法

我们编写如下程序，下载后查看运行效果。

```
#include <Thermocouple.h>
#include <MAX6675_Thermocouple.h>
// 热电偶头文件
#include <MsTimer2.h>// 定时器头文件
// 热电偶接口声明
#define SCK_PIN 8
#define CS_PIN 9
#define SO_PIN 2
double temp_now = 0;// 当前温度
// 热电偶定义
Thermocouple* thermocouple;
void setup()
{
  Serial.begin(9600);
  MsTimer2::set(300, temp_data);
  MsTimer2::start();
}
// 获取温度函数
void temp_data()
{
  // 当前温度
  temp_now = thermocouple->readCelsius();
  Serial.print("temp_now:");
```

```
    Serial.print(temp_now);

    Serial.println(" C,");

}

void loop()

{

    Serial.println("Micro reflow welder");

    delay(600);

}
```

打开串口监视器，我们会看到，温度数据每隔 0.3s 输出一次，字符串 "Micro reflow welder" 每隔 0.6s 输出一次，相互之间不影响（见图 12-18）。

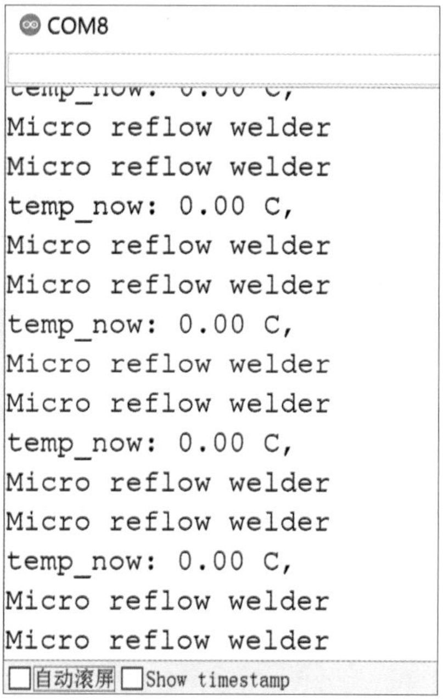

从程序中，我们不难发现，使用定时器，需要先导入 MsTimer2.h 定时器库文件，然后使用如下的指令就可以让 temp_data() 函数每隔 0.3s 执行一次。

```
MsTimer2::set(300, temp_data);
MsTimer2::start();
```

而 temp_data() 函数的作用正是温度检测，不过我发现，MsTimer2.h 定时器使用时会和 3 号数字引脚冲突，所以要尽量避开。

对数字输入信号的处理

在本项目中，我们使用一个数字按钮作为开始按钮，而这个按钮的作用就是提供数字输入信号。我定义 11 号数字引脚为按钮输入引脚，下载下面的程序看一下效果。

```
COM8

temp_now: 0.00 C,
Micro reflow welder
Micro reflow welder
temp_now: 0.00 C,
Micro reflow welder
Micro reflow welder
temp_now: 0.00 C,
Micro reflow welder
Micro reflow welder
temp_now: 0.00 C,
Micro reflow welder
Micro reflow welder
temp_now: 0.00 C,
Micro reflow welder
Micro reflow welder
temp_now: 0.00 C,
Micro reflow welder
Micro reflow welder

☐自动滚屏 ☐Show timestamp
```

图 12-18　程序运行结果 1

```
#define button 11 // 按钮引脚

void setup()

{

    Serial.begin(9600);

}

void loop()

{
```

```
int start_button = digitalRead (button);// 存储按钮状态
if(start_button == 0)
{
  Serial.print("down！\n\r");
}
}
```

当我们按下一次按钮时，start_button 的值为 0，但会在串口监视器中打印很多个
"down！"。为什么只按了一次按钮，会打印很多个字符串出来呢？那是因为控制器的刷新
频率非常快，它误以为我们按了很多次按钮。理论上，如果我们的手速足够快，是可以做到按
下一次按钮只打印一次字符串的，但好像不太现实，这就要用到常用的消抖技巧了。

```
void loop()
{
  int start_button = digitalRead (button);// 存储按钮状态
  if(start_button == 0)// 两次检测按钮的状态
  {
    delay(1000);
    if ( digitalRead(button) == 0)
    {
      Serial.print("start! \n\r");
    }
  }
}
```

我们在程序中设置对按钮的状态进行两次检测，当我们按下按钮时长超过 1s 时，会在串
口监视器中打印一个"start！"字符串，而误触按键是不会起到任何作用的。

对数字输出信号的处理

本作品用到的继电器模块就是典型的数字输出信号的应用，通常继电器有常闭和常开两种
接线端子可以用来连接电路，当我们使用常开端子接线时，数字引脚输出高电平时继电器导通，
输出低电平时继电器断开。

```
digitalWrite(relay,LOW);
digitalWrite(relay,HIGH);
```

接着我们将继电器的控制与按钮程序结合，改进后的程序如下。

```
#define button 11 // 按钮引脚
#define relay 12 // 继电器引脚
void setup()
{
  Serial.begin(9600);
  pinMode(relay, OUTPUT);// 继电器
}
void loop()
{
  int start_button = digitalRead (button);// 存储按钮状态
  if(start_button == 0)// 两次检测按钮的状态
  {
    delay(1000);
    if ( digitalRead(button) == 0)
    {
      digitalWrite(relay,HIGH);
      Serial.print("start! \n\r");
    }
  }
  else
  {
    digitalWrite(relay,LOW);
  }
}
```

程序中，我们增加了 12 号数字引脚为继电器控制引脚，这里需要注意在 void setup() 初始化程序中将继电器的引脚设置为输出状态。运行结果是：当按钮被按下超过 1s 时，继电器导通；松开按钮后，继电器断开。

对模拟输入信号的处理

本作品中用来调节温度的电位器提供的是典型的模拟输入信号。我们将电位器连接在主控板的 A0 引脚，编写如下程序。

```
void setup()
```

```
{
  Serial.begin(9600);
}
void loop()
{
  Serial.println( analogRead(A0));
  delay(1000);
}
```

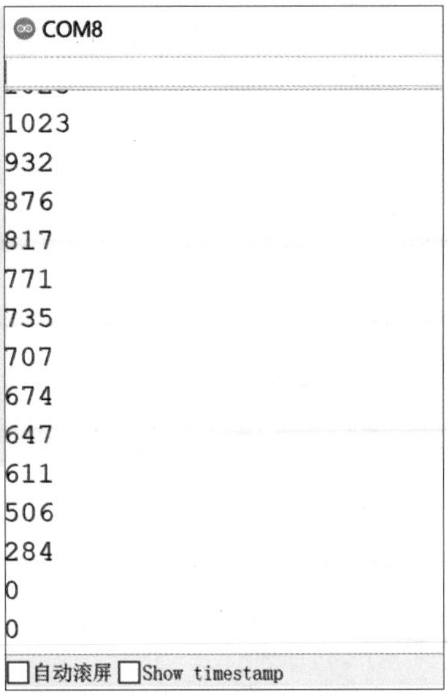

运行程序，调节电位器，可以在串口监视器中看到模拟信号在 0 至 1023 之间变化（见图 12-19）。

由于回流焊的峰值温度不宜超过 230℃，我们可以利用 map() 函数将电位器的模拟信号做一次映射，这样就可以将原本的 0~1023 范围缩小到 0~230 了。

```
| COM8                              |
|                                   |
|                              1023 |
|                               932 |
|                               876 |
|                               817 |
|                               771 |
|                               735 |
|                               707 |
|                               674 |
|                               647 |
|                               611 |
|                               506 |
|                               284 |
|                                 0 |
|                                 0 |
| □自动滚屏 □Show timestamp          |
```

图 12-19　程序运行结果 2

```
temp_target = map(temp_target, 0, 1023, 0, 230);
```

我们还可以把映射后的数据类型从整型转换成字符串类型，这样就可以方便地显示在 OLED 屏中了。

```
temp_target = analogRead(A0);
temp_target = map(temp_target, 0, 1023, 0, 230);
temp_target_str = String(temp_target);// 将整型转换为字符串类型
Serial.print("temp_now: \n\r");
Serial.print( temp_target_str);
```

对模拟输出信号的处理

在本作品中，用来调节平台加热功率的信号是典型的模拟输出信号，即 PWM（脉冲宽度调制）信号。Arduino Uno 或者 Nano 中有 6 个 PWM 信号引脚，分别是 3、5、6、9、10、11，每个引脚的模拟信号数值范围是 0~255，这次我们使用 10 号引脚作为模拟输出引脚来调节加热功率。

```
#define PWM_PIN 10 // 晶闸管功率调节
void setup()
{
  Serial.begin(9600);
  pinMode(PWM_PIN, OUTPUT);// 晶闸管功率调节
```

```
}
void loop()
{
  analogWrite(PWM_PIN,255);// 范围是 0~255
  delay(1000);
}
```

在回流焊的焊接过程中，加热功率调节遍布于 4 个不同的阶段，我们可以将调节加热功率的程序封装成一个函数，这样就可以很方便地调用，在函数中还可以顺便把继电器的控制指令加进去。

```
#define PWRFULL  230// 满加热功率
#define PWM_PIN  10 // 晶闸管功率调节
#define relay  12 // 继电器引脚
// 加热功率函数
void setup()
{
  pinMode(relay, OUTPUT);// 继电器
  pinMode(PWM_PIN, OUTPUT);// 晶闸管功率调节
}
void set_heat(int PWR_HEAT)
{
  if (PWR_HEAT == 0)
  {
    digitalWrite(relay,LOW);// 继电器断开
    analogWrite(PWM_PIN,0);
  }
  else
  {
    digitalWrite(relay,HIGH);
    // 设置功率
    PWR = PWRFULL*PWR_HEAT/100; //PWRFUL 为满加热功率
    hot = String(PWR_HEAT);// 转换成字符串类型，方便屏幕显示
    analogWrite(PWM_PIN,PWR);
  }
}
```

现在我们已经掌握了调节加热功率的函数，那么都有哪些阶段需要调节加热功率呢？我们一起来了解一下。

加热功率的划分

首先，我们需要知道回流焊工艺的温度曲线（见图 12-20）。

预热阶段：其目的是将电路板及元器件的温度从室温提升到锡膏内助焊剂发挥作用所需的活性温度 135℃，加热速率应控制在 1~3℃ /s，温度升得太快会引起元器件损坏。

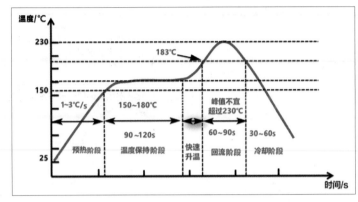

图 12-20　回流焊工艺的温度曲线

温度保持阶段：其目的是让电路板及元器件维持在某个特定温度范围并持续一段时间，使各个区域的元器件温度相同，减少它们的相对温差，并使锡膏内部的助焊剂充分发挥作用，一般的活性温度范围是 150~180℃，时间设定在 90~120s。时间设定得过长会使锡膏内的助焊剂过度挥发，致使焊接时焊点易氧化；时间太短则参与焊接的助焊剂过多，可能会出现锡球、锡珠等焊接不良的情况。

回流阶段：其目的是使电路板的温度提升到锡膏的熔点温度以上并维持一定的焊接时间，完成元器件引脚与焊盘的焊接。该阶段的温度设定在 183℃以上，时间为 60~90s，峰值温度不宜超过 230℃。如果温度低于 183℃将实现不了焊接；如果温度高于 230℃，会对元器件带来损害；如果时间不足，合金层会过薄，焊点的强度不够；如果时间较长，合金层会过厚，焊点较脆。

冷却阶段：其目的是使电路板降温，降温速度通常设定为 3~4℃ /s。如果降温速度过快，焊点会出现龟裂现象；如果降温速度过慢，会让焊点加剧氧化。理想的冷却曲线应该与回流阶段曲线成镜像关系。

我们从回流焊的温度曲线可以知道，完成一次回流焊的过程，对时间和温度的把控要求非常高，灵活地控制温度是本次编写程序的核心（见图 12-21）。

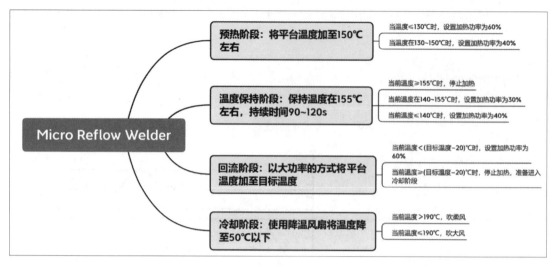

图 12-21　温度控制策略

这里解读部分程序。程序中"PRE"表示预热阶段，"KEEP"表示温度保持阶段，"FAST"表示回流阶段，我们通过几组条件判断语句比较当前温度和目标温度来切换进入不同的阶段。

```
if(temp_now < temp_target && temp_now <130) { MODEL = PRE; count_keep = 0;i=1;} // 温度
小于 140℃，预热阶段
else if(temp_now < temp_target && temp_now >=130 && count_keep < 450)        { MODEL =
KEEP;i=2; } // 温度大于 140℃，进入温度保持阶段，计数开始
else if(temp_now < temp_target && temp_now >=130 && count_keep >= 450)        { MODEL =
FAST;i=3;  } // 温度保持阶段结束，进入回流阶段
```

控制降温风扇

为了控制两个降温风扇，我们需要掌握电机驱动芯片的编程方法。普通的直流电机控制不外乎控制正反转和速度这两方面，我们通过调节数字引脚的高低电平实现控制电机正反转，通过调节 PWM 引脚的数值实现控制电机速度。

```
#define dirpin 7  // 方向引脚
#define speedpin 6  // 速度引脚
digitalWrite(dirpin, LOW); //HIGH 正转，LOW 反转
analogWrite(speedpin, 200);
```

我们定义 7 号数字引脚来控制直流电机正反转，高电平正转，低电平反转；定义 6 号 PWM 引脚来控制直流电机的转速，速度范围是 0~255。因为我们有两个风扇，需要用到两个数字引脚和两个 PWM 引脚，为了调用起来更加方便，我们可以封装一个电机控制函数，使用时只需要修改引脚号和速度值就可以实现对两个风扇的任意控制了。

OLED 屏显示

OLED 屏其实就是一个 $m \times n$ 的像素点阵，想显示什么内容，就得把具体位置的像素点亮。我们用坐标系来表示每一个像素，在坐标系中，左上角是原点；向右是 x 轴，向下是 y 轴（见图 12-22）。

首先添加库文件，在 Arduino IDE 中选择"库管理"，在搜索栏中输入"U8g2"关键词，找到 U8g2 库文件并安装。U8g2 库支持绝大部分 Arduino 开发板和市面上绝大多数型号的 OLED 屏，它的 API 众多，支持中文和不同字体，这对于开发者来说是福音，可以大大减少工作量。

图 12-22　OLED 屏的坐标系

我们编写下面的程序，查看效果。

```
#include <U8g2lib.h>// 显示屏头文件
#include <Wire.h>//I²C 头文件
// 显示屏定义
U8G2_SSD1306_128X64_NONAME_1_HW_I²C u8g2(U8G2_R0, U8X8_PIN_NONE);
//OLED 屏显示函数
void page1() {
  // 设置字体、字号
  u8g2.setFont(u8g2_font_timR10_tf);
  u8g2.setFontPosTop();
  // 设置光标位置
  u8g2.setCursor(0,20);
  u8g2.print("Micro reflow welder");
}
void setup(){
  // 初始化，设置 I²C 地址
  u8g2.setI2CAddress(0x3C*2);
  u8g2.begin();
  // 启用 UTF8 打印
  u8g2.enableUTF8Print();
}
void loop(){
```

```
u8g2.firstPage();
do
{
  page1();
}while(u8g2.nextPage());
}
```

运行程序后，我们可以在 OLED 屏中看到一行字符串"Micro reflow welder"，如图 12-23 所示。

设置字体、字号的语句"u8g2.setFont(u8g2_font_timR10_tf);"中，"tim"为字体类型，还有 helv、ncen、cour 等字体可供我们选择；"R"为字体常规类型，"B"为字体加粗类型；数字"10"为字号大小，可以在 08、10、12、14、18、24 中选择。

OLED 屏可以显示的内容是比较丰富的，比如可以显示中文、英文、各种图形，以及取模后的图片。本作品只需要在屏幕中绘制一个表格并显示几个简单的英文单词就足够了，这里介绍画线的方法，其他图形和图片的显示方法就不展开介绍了。

画线的方法有两种，第一种是用 u8g2.drawHLine() 绘制水平线，在 OLED 屏显示字符的程序中增加下面的代码。

```
u8g2.drawHLine(0,40,128);// 在 (0,40) 位置绘制一条长度为 128 的横线
```

运行程序后，我们会在屏幕上看到在原来字符串下方绘制了一条横线。

第二种方法是用 u8g2.drawLine() 在两点之间绘制线，我们继续在上面的程序中增加如下代码。

```
u8g2.drawLine(0,0,0,64);// 在 (0,0) 点和 (0,64) 点之间绘制一条直线
```

运行程序后，会看到在屏幕中多出了一条竖线，效果如图 12-24 所示。

最后，我们综合使用以上介绍的显示方法就可以设计本作品的显示界面了（见图 12-25）。

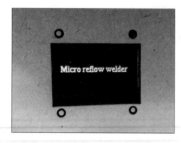

图 12-23　OLED 屏显示字符串

图 12-24　在屏幕中画线

图 12-25　本作品的显示界面

至此，微型回流焊加热台的所有功能都已介绍完毕。我进行了实际测试，焊接效果还是可以的（见图 12-26）。

图 12-26　实际焊接效果

总结

这是一个玩家 DIY 作品，使用了各种廉价的元器件，验证了回流焊加热台的基本功能，对于想要深入学习各种硬件、运用各种学科知识完成综合项目的伙伴会有一定的帮助，但多数硬件没有经过耐久性测试，所以它并不是一个成熟的产品，不能作为产品去推广，有兴趣的伙伴可以尝试改进方案。我会使用作品加工一些 PCB，让自制工具发挥实际作用。

13 ESP32 玩转彩屏——自制太空人主题的透明手表

某视频博主自制的奖杯用到了分光棱镜，透明的玻璃中显示动感的画面，一下子就把我吸引住了。于是，我也买了一块分光棱镜，结合华为太空人表盘给我的灵感，自制了一个可以在棱镜中显示时间和太空人的手表，并将手表取名为 Crystal Watch。

方案介绍

分光棱镜是一个光学元件，既可以透光也可以反光，还可以增加设计感。Crystal Watch 的体积一定要小巧，所以选型时需要对硬件材料的尺寸严格把关。材料的选型主要集中在主控和屏幕，至于分光棱镜，我们选择尺寸与屏幕尺寸差不多的就可以。我们把表盘外形尺寸限定在 40mm×50mm 以内，除去分光棱镜的高度，厚度限制在 20mm 以内会比较理想。我们根据这个尺寸来选择屏幕，优先选择 LCD 彩屏，因为它的显示效果比 OLED 屏的会好一点。通过搜索，我找到一款符合要求的 1.44 英寸 LCD 彩屏（见图 13-1），它的有效显示尺寸是 25.5mm×26.5mm，没有超出限制。

接下来，我找到一款尺寸为 30mm×30mm×30mm 的分光棱镜（见图 13-2），与屏幕的有效显示尺寸基本相匹配。

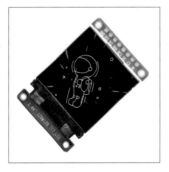

图 13-1　LCD 彩屏

图 13-2　分光棱镜

此次设计的 Crystal Watch 的表盘设计借鉴最近流行的表盘主题（见图 13-3），可显示时间、太空人动画、天气、温度等。

要实现以上功能的设计，对于主控的选型尤为关键，在不额外增加硬件并保证小巧体积的前提下，通过网络获取天气、时间、温度等数据是比较可行的方案。我选择了尺寸为 40mm×31mm 的 ESP32mini 作为主控（见图 13-4），它自带开关和电源接口，不需要额外增加部件，满足了小巧体积的需求。

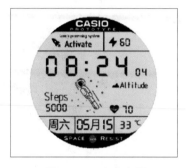

图 13-3　表盘主题

图 13-4　ESP32mini

电源选择了尺寸为 30mm×12mm×5mm 的 501230 锂电池，实际容量为 200mAh。器材选型完毕后，我们就开始制作吧！

硬件清单

制作 Crystal Watch 所需的硬件如表 13-1 所示，彩屏的尺寸如图 13-5 所示。

表 13-1　硬件清单

序号	名称	数量
1	ESP32mini	1 个
2	1.44 英寸 LCD 彩屏	1 个
3	200mAh 501230 锂电池	1 个
4	黑色亚克力板	1 块
5	白色亚克力板	1 块
6	五金件	若干
7	导线、数据线	若干

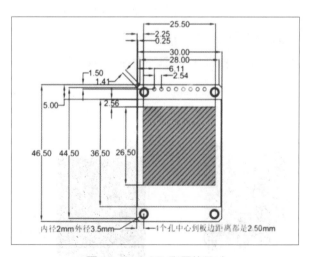

图 13-5　LCD 彩屏的尺寸

图纸设计

我使用 LaserMaker 软件设计图纸，材料选用 1 ～ 4mm 厚的亚克力板。我以圆弧的形式将用于固定的通孔放置在 4 个角，这样既可以保证 Crystal Watch 的整体外观尺寸不超过 40mm×50mm，还可以保证结构结实、牢固。为了方便使用下载接口和开关，中间层的亚克力板被设计成了半开放的状态。设计图纸如图 13-6 所示，渲染后的 3D 效果如图 13-7 所示，激光切割机加工后的亚克力板如图 13-8 所示。

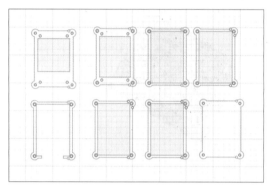

图 13-6 设计图纸

图 13-7 3D 效果

电路设计

接着我们进行电路设计，Crystal Watch 的连接非常简单，只需要按照图 13-9 所示将 LCD 彩屏、电源与主控板连接起来就可以了。连接好的实物如图 13-10 所示。注意：为了防止短路，我们可以在主控板与屏幕之间贴一层胶布。

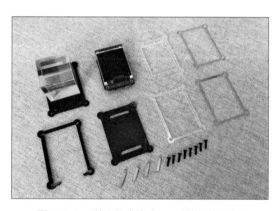

图 13-8 激光切割机加工后的亚克力板

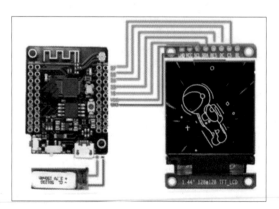

图 13-9 电路连接示意图

图 13-10 电路连接实物

组装

（1）将分光棱镜安装在第一层亚克力板上，并用 4 颗直径为 2mm 的黑色螺母固定高 12mm 的铜柱（见图 13-11）。

（2）将 LCD 彩屏与中间层的亚克力板安装在一起（见图 13-12）。

图 13-11　安装分光棱镜　　图 13-12　安装 LCD 彩屏与中间层的亚克力板

（3）将安装好的屏幕主控板与分光棱镜组合在一起（见图 13-13）。

图 13-13　组合屏幕主控板与分光棱镜

（4）最后，我们拿出准备好的表带，穿入最后一层亚克力板，然后将表带与前面安装好的部分进行组合（见图 13-14）。其实，不装分光棱镜的 Crystal Watch 也很好看！

图 13-14　安装表带

程序设计

在开始设计程序前，我们要先厘清制作 Crystal Watch 的设计思路。我根据 Crystal Watch 的功能绘制了图 13-15 所示的思维导图。

要在屏幕上显示时间、天气、太空人动画等内容，我们需要掌握 LCD 彩屏的基本使用方法。

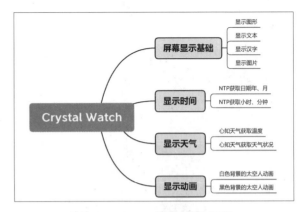

图 13-15　程序设计思维导图

LCD 彩屏显示图形

要设计表盘，难免需要画各种各样的图形，画图形的基础是画线，因此我们来学习一下如何在 LCD 彩屏中画线。我们需要在程序中先导入 SPI.h 和 TFT_eSPI.h 两个库文件。然后参考 TFT_eSPI.h 库文件中给出的线条绘制方法，编写下面的程序，就可以得到图 13-16 所示的两个线条。

图 13-16　LCD 彩屏显示两个线条

```
tft.drawFastHLine(4, 25,120,tft.alphaBlend(0,TFT_BLACK, tft.color565(255, 255, 255)));
tft.drawFastHLine(4,95,120,tft.alphaBlend(0,TFT_BLACK,
tft.color565(255, 255, 255)));
```

参数中的 4 为起始点的 x 坐标，25 和 95 是起始点的 y 坐标，120 为线条的宽度，0 为透明度，TFT_BLACK 为背景颜色，tft.color565(255, 255, 255) 为线条的颜色。

对于制作 Crystal Watch 来说，掌握了画线的方法就够了。TFT_eSPI.h 库文件中还给出了圆形、矩形、三角形等图形的绘制方法，感兴趣的伙伴可以详细阅读库文件进行尝试。

LCD 彩屏显示文本

让 LCD 彩屏显示文本的参考程序如下，运行结果如图 13-17 所示。我们可以根据自己的所需，修改下面程序中的参数，得到想要显示的文本。

```
void setup()
{
  tft.init();      // 初始化
  tft.fillScreen(TFT_BLACK);// 设置背景颜色
  tft.setCursor(10, 10, 1); // 设置起始坐标为 (10, 10)，字体为库中的 1 号字体
  tft.setTextColor(TFT_WHITE); // 设置显示文本的颜色为白色
  tft.setTextSize(2); // 设置文本字号
  tft.println("Text"); // 打印文本"Text"
}
void loop()
{

}
```

图 13-17　LCD 彩屏显示 Text

不知道大家有没有发现，到目前为止我们让 LCD 彩屏显示内容都是竖屏的。其实我们还可以用下面的程序旋转显示内容的角度（0°、90°、180°、270°），旋转 90° 后的效果如图 13-18 所示。后期我们可以根据分光棱镜的折射原理，调整 LCD 彩屏中内容的方向，让内容能够以正确的方向显示在分光棱镜中。图 13-19 所示是文本内容在 LCD 彩屏及分光棱镜中的显示效果。

图 13-18　旋转 LCD 彩屏显示的文
　　　　　本内容

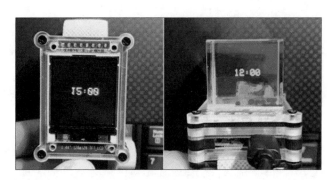

图 13-19　文本内容在 LCD 彩屏及分光棱镜中显示的效果

```
void TFT_Touch::setRotation(byte rotation)
tft.setRotation(1); // 设置旋转角度，用 0、1、2、3 分别代表 0°、90°、180°、270°
```

LCD 彩屏显示图片

如何将图 13-20 所示的太空人显示在 Crystal Watch 中呢？我们需要先使用取模软件 LCD Image Converter 将这些图片分别生成十六进制的数，然后保存到一个新建的 .h 文件中。参考下面的程序，我们就可以让太空人显示在 LCD 彩屏中了。如果你想让你的太空人"动"起来，可以试试用循环语句循环显示几张不同姿势的太空人图片。显示汉字的方法和显示图片的方法是一致的，大家可以自行尝试。

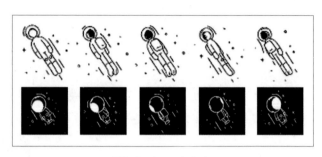

图 13-20　太空人

```
void setup()
{
  tft.init();      // 初始化
  tft.fillScreen(TFT_BLACK);// 屏幕颜色
  tft.setRotation(4);
  tft.pushImage(20, 30, 64, 64, bmp_black1);// 显示太空人，20 和 30 为图片的起始坐标，64 和 64
为图片的长和宽，bmp_black1 为包含图片十六进制数据的变量名
}
void loop()
{

}
```

LCD 彩屏显示时间

运用前文提到的方法，让 LCD 彩屏显示时间已经不再是什么难事，但是如何让 Crystal Watch 显示正确的时间呢？我们不妨思考为什么手机和计算机能显示正确的时间。这是因为它们是通过网络从 NTP 服务器上获取时间信息的。因此我们参考以下程序进行编程，给程序添加上 NTP 库文件 NTPClient.h 和网络库文 WiFi.h、WiFiUdp.h。我们还可以运用同样的方法让 LCD 彩屏显示正确的日期。

```
#include <NTPClient.h>
#include <WiFi.h>
#include <WiFiUdp.h>
const char *ssid    = "    ";
```

```
//Wi-Fi 账号
const char *password = "     ";
//Wi-Fi 密码
WiFiUDP ntpUDP;
NTPClient timeClient(ntpUDP, "pool.ntp.org");   //NTP 服务器地址
void setup(){
  Serial.begin(115200);
// 连接 Wi-Fi
  WiFi.begin(ssid, password);
  while ( WiFi.status() != WL_CONNECTED ) {
    delay ( 500 );
    Serial.print ( "." );
  }
  timeClient.begin();
}
void loop() {
  timeClient.update();
  Serial.println(timeClient.getFormattedTime());// 打印时间
  delay(1000);
}
```

LCD 彩屏显示天气

现在，我们离成功还差最后一步，那就是获取天气数据。我们打开心知天气官网并登录，选择"免费版"，单击"文档"—"产品文档"—"天气类接口文档"，可以看到图 13-21 所示的界面，请求地址包含 key、location、language 等信息。在浏览器访问这个网址，服务器会返回 JSON 格式的数据。

图 13-21　天气接口中提供的信息

接下来，我们打开 Arduino IDE 编程环境，在"工具"菜单栏的"库管理器"中分别搜索"httpclient"和"arduinojson"，进行库文件的安装。编写并下载以下程序后，我们可以在串口监视器中看到图 13-22 所示的返回结果。

```cpp
#include <WiFi.h> //WiFi 库
#include <ArduinoJson.h>  //ArduinoJson 库
#include <HTTPClient.h>  //HttpClient 库
const char* ssid    = "guoli"; //Wi-Fi 账号
const char* password = "13141516";  //Wi-Fi 密码
const char* host = "api.seniverse.com";  // 心知天气服务器地址
String now_address="",now_time="",now_temperature="";// 用来存储报文得到的字符串
void setup()
{
  Serial.begin(115200);
  // 连接网络
  WiFi.begin(ssid, password);
  // 等待 Wi-Fi 连接
  while (WiFi.status() != WL_CONNECTED)
  {
    delay(500);
    Serial.print(".");
  }
  Serial.println("");
  Serial.println("WiFi connected"); // 连接成功
  Serial.print("IP address: ");     // 打印 IP 地址
  Serial.println(WiFi.localIP());
}
void loop()
{
    // 创建 TCP 连接
    WiFiClient client;
    const int httpPort = 80;
    if (!client.connect(host, httpPort))
    {
```

```
    Serial.println("connection failed");  // 网络请求无响应打印连接失败

    return;

  }

  //URL 请求地址

    String url ="/v3/weather/now.json?key=S_xhO9flk_rjzOsJY&location=yangzhou&language=
zh-Hans&unit=c";

  // 发送网络请求

  client.print(String("GET ") + url + " HTTP/1.1\r\n" +

            "Host: " + host + "\r\n" +

            "Connection: close\r\n\r\n");

  delay(5000);

  // 定义 answer 变量用来存放请求网络服务器后返回的数据

  String answer;

  while(client.available())

  {

    String line = client.readStringUntil('\r');

    answer += line;

  }

  // 断开服务器连接

 client.stop();

 Serial.println();

 Serial.println("closing connection");

// 获得 JSON 格式的数据

 String jsonAnswer;

 int jsonIndex;

 // 找到有用的返回数据位置 i 返回头不要

 for (int i = 0; i < answer.length(); i++) {

   if (answer[i] == '{') {

     jsonIndex = i;

     break;

   }

 }

 jsonAnswer = answer.substring(jsonIndex);

 Serial.println();
```

```
Serial.println("JSON answer: ");

Serial.println(jsonAnswer);

}
```

COM8

closing connection

JSON answer:
{"results":[{"location":{"id":"WTUBM40RTTUB","name":"扬州","country":"CN","path":"扬州,扬州,江苏,中国","timezone":"Asia/Shanghai","timezone_offset":"+08:00"

closing connection

JSON answer:
{"results":[{"location":{"id":"WTUBM40RTTUB","name":"扬州","country":"CN","path":"扬州,扬州,江苏,中国","timezone":"Asia/Shanghai","timezone_offset":"+08:00"

closing connection

JSON answer:
{"results":[{"location":{"id":"WTUBM40RTTUB","name":"扬州","country":"CN","path":"扬州,扬州,江苏,中国","timezone":"Asia/Shanghai","timezone_offset":"+08:00"

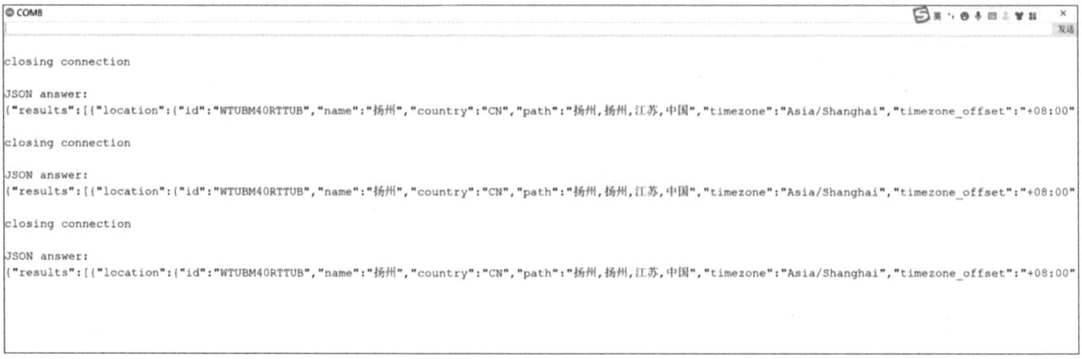

图 13-22　串口监视器打印 HTTP 请求的天气数据

这是一段 JSON 格式的数据，需要将其转换成 Arduino IDE 可识别的程序。我们进入 ArduinoJson 库官网，单击上方的"Assistant"，选择控制器并将刚才提取出来的 JSON 数据复制过来进行解析，转换后的程序如图 13-23 所示，将其复制到程序中进行下载，即可获取天气，如图 13-24 所示。

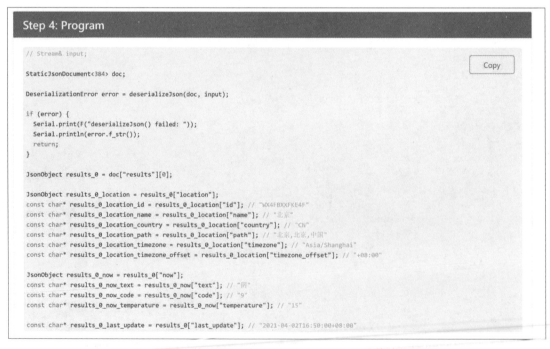

图 13-23　将 JSON 数据转换成 Arduino IDE 格式程序

图 13-24　天气信息显示在彩屏中

　　天气状况的变换并不会特别频繁，所以我们可以将请求心知天气数据设置成每隔 1h 响应一次，这就需要用到定时器 Ticker 库。我们按照前文中提到的方法安装 Ticker 库，在 setup 初始化程序中增加 t1.attach(3600, get_weather)，这样就可以每隔 3600s（即 1h）获取一次天气数据。

总结

　　至此，我们可以根据 LCP 彩屏显示图形、文本、图片，获取时间、天气等方法，根据自己的喜好设计表盘啦。

14 "数你最牛"树莓派 百变打印机

2021 年是牛年，我给大家带来一款春节主题的作品——"数你最牛"树莓派百变打印机，简称"最牛打印机"。

大家回想一下，以往你过年都要干些什么呢？穿新衣、贴春联、发红包、走亲戚、拜大年这些项目一定少不了。试想一下，拜年不再是传统的作揖、磕头，而是发一张印有自己画像的拜年海报，创意一定是满分；如果将拜年的祝福音频以二维码的形式展现在一张明信片上，过年时送给对方，一定是一件非常美好的事情；再比如让小朋友用微笑值来换取红包，笑得越开心，红包的数值就越大，一定是一件好玩的事情。相信你还会有很多不一样的想法。本项目就是在 3 种不同的传统春节庆祝方式上增加了科技元素后制作而成的，接下来我一一展开介绍，为你带来"最牛"的春节打开方式。

"最牛打印机"有 3 种模式：春节大红包、拜年牛海报、有声明信片。完成上述 3 种模式，需要实现图像采集、声音录制、图像处理及打印，那么树莓派是主控的不二之选。材料清单见表 14-1。

表 14-1　材料清单

序号	名称	数量
1	树莓派 4B（3B/3B+ 也可以）	1 个
2	树莓派 I/O 扩展板	1 个
3	树莓派 CSI 500W 摄像头	1 个
4	HP 2302 喷墨打印机	1 个
5	14 英寸拆机屏幕 + 驱动模块	1 套
6	外置话筒	1 个
7	数字按钮	2 个
8	WS2812 灯带（32 颗灯珠）	1 条
9	扬声器	2 个
10	功放板	1 个
11	USB 声卡	1 个
12	HDMI 连接线	1 根
13	树莓派电源 5V/3A	1 个
14	屏幕电源 12V/2A	1 个
15	开关、插座、五金件等	若干
16	6mm 厚奥松板（600mm×400mm）	10 块
17	2mm 厚白色透光亚克力板	1 块

外壳设计

准备好以上材料后，我们需要给"最牛打印机"设计漂亮的外观。我使用 AutoCAD 软件设计"最牛打印机"外壳的激光切割图纸（见图 14-1），材料选用 6mm 厚的奥松板，为了保证结构的紧固性，我将榫卯卡槽宽度设计为 5.7mm。激光切割机加工出的实物如图 14-2 所示。

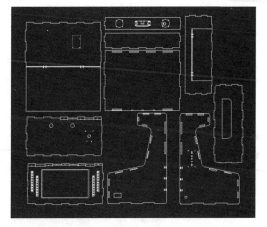

图 14-1 "最牛打印机"外壳的激光切割图纸

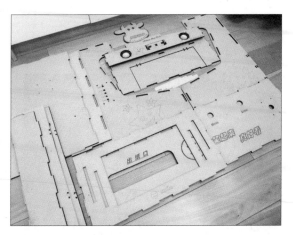

图 14-2 激光切割机加工出的实物

电路连接

连接电路之前，我们需要知道什么是树莓派的 GPIO 引脚。用户可以通过 GPIO 引脚读取连接的传感器的数据，还可以控制 LED、电机和显示器等组件。较新的树莓派版本具有 40 个 GPIO 引脚，有 BOARD、BCM、wiringPi 这 3 种不同的引脚序号，注意接线时引脚的选择和程序中的 GPIO 库要对应，介绍编程时会详细介绍。

"最牛打印机"使用了一款 DFRobot 出品的树莓派 I/O 扩展板（见图 14-3），可以很方便地使用 BCM 引脚接线。电路连接示意图如图 14-4 所示。

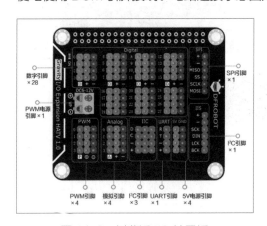

图 14-3 树莓派 I/O 扩展板

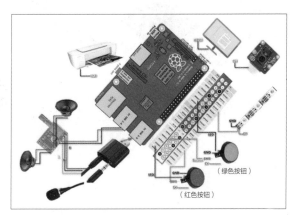

图 14-4 电路连接示意图

组装

（1）我们先将各种硬件安装在木板上，再进行整体拼装。首先安装两块侧板（见图14-5）上的零件。

（2）以"最牛打印机"的显示屏一侧为前方，我们需要在左侧板的长方形孔位上安装开关（见图14-6）。

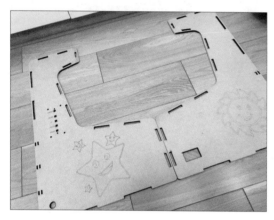

图 14-5　两块侧板

图 14-6　安装开关

（3）在右侧板里面一侧安装屏幕驱动板（见图14-7），屏幕控制按键通过几个设计好的孔位凸显在外侧。将屏幕驱动板的按键控制板以叠加的方式安装在侧板上（见图14-8）。

图 14-7　安装屏幕驱动板

图 14-8　安装屏幕驱动板的按键控制板

（4）由于木板比较厚，可以削掉一部分里侧的木头让按键更容易被触碰（见图14-9）。

（5）侧板上的硬件安装好后，将树莓派安装在背板上（见图14-10）。

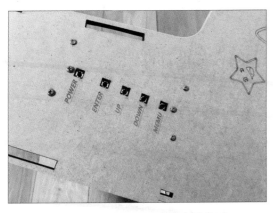

图 14-9　削掉木板里侧的部分木头

图 14-10　安装树莓派

（6）图 14-11 所示的两个木盒子的作用是将打印机垫高，我为打印机加装连续供墨系统，需要让墨水仓的高度低于墨盒才能连续供墨。

（7）在底板上用 4 颗自攻螺钉分别固定两个木盒子（见图 14-12），为了防止金属的自攻螺钉凸出来划伤桌面或者地板，可以在底板上挖出沉头孔。

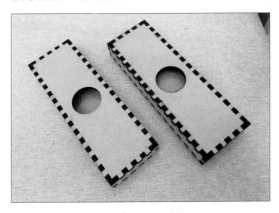

图 14-11　木盒子

图 14-12　固定木盒子

（8）底板、背板、两块侧板安装完成后就可以进行简单拼装，出纸口的面板安装完毕就可以放置打印机了（见图 14-13）。

（9）接下来，我们将数字按钮和录制音频的话筒安装在面板上。每个数字按钮需要分别焊接下拉电阻，目的是让信号更加稳定。下拉电阻的接线方式可以参考前面的电路连接示意图，然后将话筒的音频线从预留的圆孔中引出（见图 14-14）。

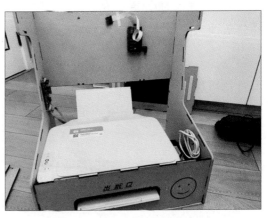

图 14-13　拼装木板并放置打印机

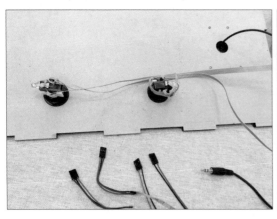

图 14-14　安装数字按钮和话筒

（10）接下来将数字按钮的面板拼装在"最牛打印机"上（见图 14-15）。

（11）下一步需要将显示屏和 WS2812 灯带安装在前面板上，设计灯带的作用是在摄像头采集图像时补光。"最牛打印机"使用的显示屏如图 14-16 所示，上下各有 8 个定位孔。

图 14-15　拼装数字按钮的面板

图 14-16　显示屏

（12）我们通过直径为 2mm 的自攻螺钉将显示屏固定在前面板上（见图 14-17）。

（13）将 WS2812 灯带分成 4 节，每节 8 颗灯珠，先利用电烙铁焊接好线路，再使用热熔胶枪将灯带固定在前面板的背面（见图 14-18）。

（14）固定完成后，将白色亚克力透光板粘在前面板的正面，遮住裸露在外面的灯带（见图 14-19）。

图 14-17　固定显示屏

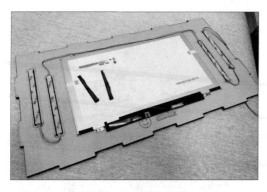

图 14-18　固定灯带

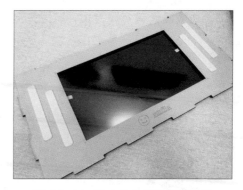

图 14-19　粘上白色亚克力透光板

（15）将装有显示屏和 WS2812 灯带的面板拼装在"最牛打印机"上，最后将显示屏上的膜撕掉（见图 14-20）。

（16）接着我们将扬声器安装在扬声器面板上（见图 14-21），摄像头是装在中间部位的，但现在不着急安装，防止组装时损坏摄像头的排线。这里介绍一下摄像头的安装结构，我专门将它设计成了可以旋转的结构，方便调节摄像头的俯仰角度，伙伴们如果有更好的方案欢迎交流。

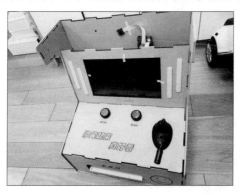

图 14-20　拼装前面板

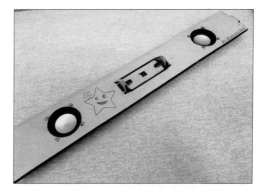

图 14-21　安装扬声器

（17）把功放板与扬声器连接起来（见图 14-22）。将扬声器面板拼装在"最牛打印机"上（见图 14-23）。

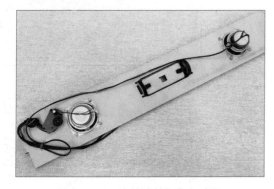

图 14-22　连接功放板与扬声器

图 14-23　拼装扬声器面板

（18）顶板设计有金属合页，可以开合，方便检修（见图 14-24）。

（19）安装完顶板后（见图 14-25），就可以上电测试了。

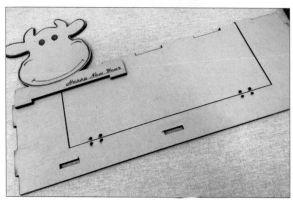

图 14-24　顶板有金属合页

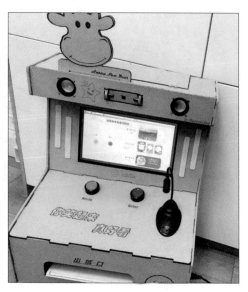

图 14-25　安装顶板

程序设计：春节大红包

设计程序前，我们需要先了解一下"最牛打印机"的运作过程。

我们根据图 14-26 逐步分析最牛打印机的程序设计，在"有声明信片"模式中用到了两种 Python 爬虫知识，限于篇幅，我打算单独写一篇文章来详细介绍，本文主要介绍"春节大红包"和"拜年牛海报"两种模式。

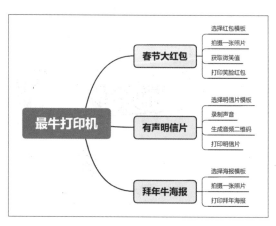

图 14-26　"最牛打印机"思维导图

准备红包模板

首先，我们需要准备符合牛年主题的红包素材，因为人像要和红包素材融合在一起，所以在寻找素材时最好有块比较明显的区域用来显示人像，图 14-27 所示是本项目中用到的两种红包模板。

实现流程

"春节大红包，"模式的实现流程包含 6 个步骤，如图 14-28 所示。我详细列出了 6

图 14-27　两种红包模板

个步骤所用到的程序块，它们大都是 Python 的常用程序块。看不懂也没关系，3 种模式的程序基本是触类旁通的，掌握一种模式后，剩余两个模式就会很容易理解。

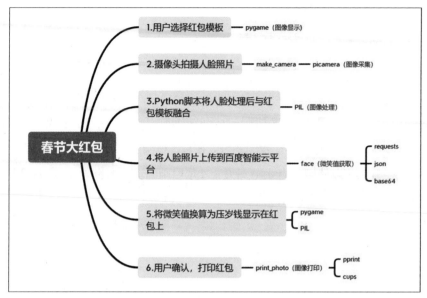

图 14-28 "春节大红包"模式的实现流程

步骤1：使用pygame显示图像

首先需要在命令行中输入下面的指令安装 pygame 库。

```
sudo pip3 install pygame
```

接着我们了解一下 pygame 的基础框架。什么是基础框架呢？可以将其通俗地理解为像数学公式一样的固定模板。

```python
import pygame
# 初始化
pygame.init()
# 创建游戏窗口，设置窗口宽度、高度
root=pygame.display.set_mode ((1200,600))
# 窗口标题
pygame.display.set_caption("我的游戏")
# 设置背景颜色 (RGB)
root.fill((255,255,0))
# 首次显示，以后的显示用display.update() 更新
pygame.display.flip()
while True: # 检测事件 (event)
```

```
for event in pygame.event.get():
# 遍历事件
# 检测关闭按钮是否被点击
if event.type == pygame.QUIT:
  exit()
```

运行上面的程序后，屏幕上会显示一个 1200 像素 ×600 像素的窗口，背景色为黄色，需要注意首次在窗口中显示使用 display.flip()，之后的更新使用 display.update()。

熟悉了 pygame 的基本框架后，我们就可以在基本框架的基础上做很多有趣的事情了，比如常见的各种小游戏都可以使用 pygame 开发。本项目用到了文本、图形、图片 3 种显示方法，接下来我们依次学习这 3 种显示方法。

```
#== 显示文字 ==
#Font( 文字的路径、字号 )
word=pygame.font.Font("字体名称 .ttf",50)
#render( 文字内容, True, 文字颜色, 背景颜色 )
text=word.render("最牛打印机", True,(255,0,0),(0,0,255))
# 旋转缩放文字 (对象, 角度, 缩放比例 )
text=pygame.transform.rotozoom(text,0,1)
# 渲染文字 (对象, 坐标 )
root.blit(text,(100,100))
pygame.display.update()
```

运行上面的程序后，"最牛打印机"几个字会以指定字体、50 号字、红色字、蓝色背景的方式显示在坐标为（100，100）的位置（见图 14-29）。

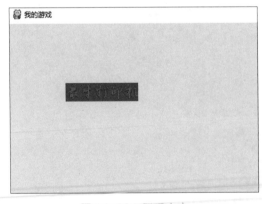

图 14-29　显示文字

```
#== 显示图片 ==
# 加载图片，默认为当前程序文件路径（相对路径），也可以指定文件路径（绝对路径）
photo=pygame.image.load("cow.png")
# 图片旋转和缩放（图片对象，旋转角度，缩放比例）
photo_new=pygame.transform.rotozoom(photo,0,0.1)
# 渲染图片
aadroot.blit(photo_new,(100,100))
pygame.display.update()
```

运行上面的程序后，文件名为"cow"的图片会以实际尺寸 1/10 的大小显示在坐标为（100，100）的位置（见图 14-30）。

文字显示中的字体路径和图片显示中的图片路径可以是绝对路径，也可以是相对路径。如果要使用的字体或图片与当前程序在同一个文件夹中，则可以使用相对路径，反之则需要使用绝对路径。绝对路径总是从根文件夹开始。

```
#== 画图形 ==
# 画矩形（画在哪里，线的颜色，矩形的范围（起点坐标，宽和高），线宽）
pygame.draw.rect(root,(255,0,0),(100,100,400,200),3)
# 画圆形（画在哪里，线的颜色，圆心的坐标，半径，线宽）
pygame.draw.circle(root,(255,0,0),(200,300),20,3)
pygame.display.update()
```

运行上面的程序后，会出现一个宽 400 像素、高 200 像素的矩形框和一个半径为 20 像素的空心圆（见图 14-31）。矩形框的线宽为 3 像素，以坐标为（100，100）的点为左上角，线的颜色为红色。空心圆的线宽为 3 像素，圆心坐标为（200，300），线的颜色为红色。如果将程序中的线宽数据改为 0，则会绘制实心的矩形或圆。

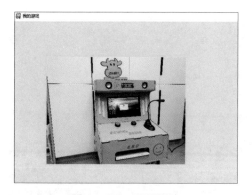

图 14-30　显示图片

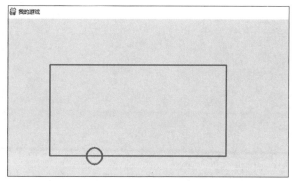

图 14-31　画图形

掌握了图形的绘制方法后，我们就可以让"最牛打印机"实现各种选择切换的操作了。

步骤2：使用picamera控制CSI摄像头程序

```
from picamera.array import PiRGBArray
#picamera 函数库，用来控制 CSI 摄像头
from picamera import PiCamera, Color
def camera():
  demoCamera = PiCamera()
  demoCamera.resolution = (640, 480)
  #设置摄像头的分辨率
  demoCamera.framerate = 90
  #设置摄像头的帧率，数字越小越清晰
  demoCamera.capture('classPhoto.png')
  #拍下一张照片，保存在当前程序路径，也可指定路径
  print("camera ok") demoCamera.close()
```

picamera 库为树莓派系统自带的，可以直接调用，如果报错，可以打开命令行输入下面的指令手动安装。

```
sudo apt-get install  python3-picamera
```

程序中涉及对摄像头的基本操作，包含设置摄像头的分辨率、帧率，拍摄照片等，程序中已经注释，更加丰富的玩法可以参考 picamera 官方网站。

步骤3：使用PIL处理图像

通过命令行输入如下指令安装 PIL 图像处理库。

```
sudo pip3 install Pillow
```

安装好 PIL 图像处理库后，我们输入如下程序进行简单的测试，导入图片、显示文字并保存。

```
from PIL import Image, ImageDraw, ImageFont
import os
# 图片路径
filepath='apple.png'
# 打开图片
image = Image.open(filepath)
# 新建绘图对象
```

```
draw = ImageDraw.Draw(image)
#显示图片
image.show()
#文字内容
text = "苹果"
#字体
setFont = ImageFont.truetype('李旭科书法.ttf', 20)
#字体颜色
fillColor = "#0000ff"  #蓝色
#绘制文字
draw.text((40,40),text,font=setFont, fill=fillColor,direction=None)
#文字显示
image.show()
filename="C:/Users/guoli/Desktop/pingguo.png"
#保存
image.save(filename)
```

结果如图 14-32 所示，通过示例程序掌握 PIL 图像处理库的简单用法后就可以在"最牛打印机"上施展拳脚了。

步骤4：获取微笑值

调用百度智能云之前需要安装 requests（网络请求）库，指令如下。

图 14-32　程序测试结果

```
sudo pip3 install requests
```

获取微笑值需要调用 requests 库，从百度智能云获取数据。

```
import requests
#网络请求
import base64
import json
def getToken():
  ak = 'vw4Gl1Oz4yPEfNrqG4OFoBYK'
  sk = '16fIx3KpUgmslXjdKivHGlxhBygyO C0F'
```

```python
    host = f'https://aip.baidubce.com/oauth/2.0/token?grant_type=client_
credentials&client_id={ak}&client_secret={sk}'
    response = requests.get(host)
    return response.json().get("access_token")
def img_to_base64(file_path):
    with open(file_path, 'rb') as f:
        base_64_data = base64.b64encode (f.read())
        s = base_64_data.decode()
        return s
def FaceDetect(token_, base_64_data):
    params = {}
    request_url = "https://aip.baidubce.com/rest/2.0/face/v3/detect"
    params["image"] = base_64_data
    params["image_type"] = "BASE64"
    params["face_field"] = "age,beauty"
    access_token = token_
    request_url = request_url + "?access_token=" + access_token
    headers = {'content-type': 'application/json'}
    response = requests.post(request_url, data=params, headers=headers)
    if response:
        print(response.json())
        print(response.json()["result"]["face_list"][0]["age"])
        return(response.json()["result"] ["face_list"][0]["beauty"])
def face(photo):
    base_64 = img_to_base64(photo) #图片格式转换
    token = getToken() # 获取 JSON 格式的 token 信息
    return(FaceDetect(token, base_64)) # 获取微笑值
print(" 微笑值: ",face('444.png'))
#face('444.png')
```

　　传入一张人脸图片路径后运行程序会得到图 14-33 所示的结果，微笑值显示为 48.19，如果输入的不是人脸则会报错。

{'error_code': 0, 'error_msg': 'SUCCESS', 'log_id': 7975001201942, 'timestamp': 1612
972122, 'cached': 0, 'result': {'face_num': 1, 'face_list': [{'face_token': 'c4cf044
eccd84c6b2766292feea5808c', 'location': {'left': 76.72, 'top': 41.53, 'width': 267,
'height': 272, 'rotation': 7}, 'face_probability': 1, 'angle': {'yaw': -27.33, 'pitc
h': -2.32, 'roll': 5.18}, 'age': 23, 'beauty': 48.19}]}}
23
微笑值： 48.19

图 14-33　传入一张人脸图片路径后的运行结果

步骤5：将微笑值换算成压岁钱，在红包中显示

此步骤用到了前面提到的 PIL 图像处理库的文字绘制功能及 pygame 库的图片显示功能，没有用到新的知识点，只需将上一步骤的微笑值扩大 100 倍后显示即可。当然，扩大、缩小的系数可以随意调整。

步骤6：使用Python脚本操作打印机

```python
import pprint, cups  #打印机库
import time
def printing(picture):
  conn = cups.Connection()
  printers = conn.getPrinters()
  pprint.pprint(printers)
  print()
  printer = conn.getDefault()
  print("Default1:", printer)
  if printer == None:
    printer = list(printers.keys())[0]
    print("Default2:", printer)
  myfile = picture
  #传入文件地址
  pid = conn.printFile(printer, myfile, "test", {})
  #设置打印参数
  while conn.getJobs().get(pid, None) is not None:
  #开始打印
    time.sleep(1)
```

上面的程序实现了传入一张图片，程序自动打印的功能。在运行程序前还需要做下面的配置工作。

下载和安装打印驱动程序

树莓派的默认系统基于 Debian，我们需要安装支持 Debian 系统的打印机驱动程序，HP 打印机对 Debian 系统或者说 Linux 内核系统的支持是比较好的，所以本项目中的打印机选用的是 HP 2312 喷墨打印机。在 HP 官网搜索 Debian 系统对应的驱动程序进行下载，下载完成后，我们安装打印机驱动程序。将打印机连接到树莓派上，然后将下载的 hplip-3.20.11.run 文件直接放到树莓派目录中，修改一下执行权限，输入下面的指令。

```
$ chmod 755 hplip-3.20.11.run
$ ./hplip-3.20.11.run
```

安装过程比较长，需要输入管理员账号的密码，然后耐心地等待就好。等安装完驱动程序，我们随便打开一个文档，测试一下能否打印，确定没有问题再进行接下来的操作。

按钮及 LED 控制

按钮控制需要用到树莓派 GPIO 引脚控制函数库。通过命令行输入下面的指令安装 GPIO 库，如果报错，可能系统已经自带了 GPIO 库，可以输入 import RPi.GPIO as GPIO 指令测试。

```
sudo apt-get install python3-rpi.gpio
```

这里需要注意的是树莓派有 3 种引脚序号的编排方式，我们此次使用的是 BCM 方式，也就是图 14-34 中外侧列出的 GPIO 引脚序号。

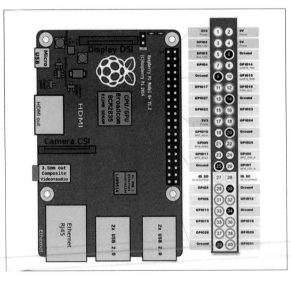

图 14-34　树莓派引脚序号编排方式

我们将红色和绿色按钮分别接12、13号引脚，红色和绿色LED分别接26、27号引脚，运行下面的程序，会看到，当按下红色按钮时红色LED点亮，按下绿色按钮时绿色LED点亮。测试正常后，就可以将按钮和LED用在"最牛打印机"中了。

```python
import RPi.GPIO as GPIO
# 引入函数库
GPIO.setmode(GPIO.BCM)
# 设置引脚编号规则
GPIO.setup(12, GPIO.IN)
# 红色按钮，将12号引脚设置成输出模式
GPIO.setup(13, GPIO.IN)
# 绿色按钮，将13号引脚设置成输出模式
GPIO.setup(26, GPIO.OUT)
# 红色LED
GPIO.setup(27, GPIO.OUT)
# 绿色LED
if GPIO.input(13) == 1:# 按下绿色按钮
    GPIO.output(27,GPIO.HIGH)
else:
    GPIO.output(27,GPIO.LOW)
if GPIO.input(12) == 1:# 按下红色按钮
    GPIO.output(26,GPIO.HIGH)
else:
    GPIO.output(26,GPIO.LOW)
```

图 14-35　选择红包模板

运行程序后会显示图14-35所示画面，绿色按钮用来选择红包，按下它可以让实心圆和矩形框在两种红包模板之间交替切换显示。

按下红色按钮后，选中的红包模板会放大显示，同时摄像头采集照片，照片经过PIL库处理后显示在红包模板中，百度智能云返回的微笑值数据也会换算成压岁钱的金额显示在红包模板中，如图14-36所示。

图 14-36　生成红包画面

用户确认红包后，长按绿色按钮可进行打印，打印出的红包如图 14-37 所示。如果同时按红色按钮和绿色按钮，会跳出当前模式，回到主函数的界面。

程序设计：拜年牛海报

准备海报模板

我们需要准备符合牛年主题的拍照海报，寻找素材时要有一块比较明显的区域用来显示人像，图 14-38 所示是本项目中用到的 3 种海报模板。

图 14-37　打印出的红包

实现流程

当你掌握了"春节大红包"模式后，你会发现"拜年牛海报"的模式非常简单。"拜年牛海报"模式的实现流程包含 4 个步骤（见图 14-39），同"春节大红包"模式的实现流程类似，不同的是少了两个步骤，只需要采集图像、处理图像、显示图像和打印图像就可以了。

图 14-38　3 种海报模板

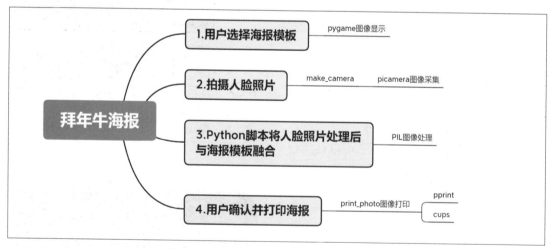

图 14-39　"拜年牛海报"模式的实现流程

步骤 1、步骤 2、步骤 4 请参考"春节大红包"模式的介绍。只对步骤 3 单独补充一些介绍。在"拜年牛海报"模式下，PIL 库的使用方法稍有不同，需要将人像以圆形和菱形两种方式进行显示，下面的程序中提供了圆形和菱形图案的绘制方法。

```
make_camera.camera()
# 背景尺寸
bg_size = (585, 801)
# 生成一张尺寸为 750 像素 ×1334 像素、背景色为白色的图片
bg = PIL.Image.open(picture[j]).convert('RGBA').resize(bg_size, PIL.Image.ANTIALIAS)
draw = PIL.ImageDraw.Draw(bg)
# 头像尺寸
if j==0:# 海报 1（圆形）
  avatar_size = (320, 320)
  x, y = int((bg_size[0]-avatar_size[0])/2), int((bg_size[1]-avatar_size[1])/2)-30
if j==1:# 海报 2（菱形）
  avatar_size = (360, 360)
  box_polygon=(avatar_size[0]/2,0, avatar_size[0], avatar_size[1]/2,avatar_
size[0]/2,avatar_size[1],0,avatar_size[1]/2)
  x, y = int((bg_size[0]-avatar_size[0])/2)+10, int((bg_size[1]-avatar_size[1])/2)-60
if j==2:# 海报 3（圆形）
  avatar_size = (300, 300)
  x, y = int((bg_size[0]-avatar_size[0])/2)-20, int((bg_size[1]-avatar_size[1])/2)-90
# 头像路径
avatar_path = os.path.join ('classPhoto.png')
# 加载头像文件到 avatar
avatar = PIL.Image.open(avatar_path)
# 把头像的尺寸设置成需要的大小
avatar = avatar.resize(avatar_size)
# 新建一个蒙版，注意必须是 RGBA 模式的
mask = PIL.Image.new('RGBA', avatar_size, color=(255,0,0,0))
mask_draw = PIL.ImageDraw.Draw(mask)
if j==1:# 菱形
  mask_draw.polygon(box_polygon, fill=(0,0,0,255))
else:# 圆形
  mask_draw.ellipse((0,0, avatar_size[0], avatar_size[1]), fill=(0,0,0,255))
```

对比"拜年牛海报"和"春节大红包"的程序，你会发现"春节大红包"的素材是竖向选择的，而"拜年牛海报"的海报素材则是横向选择的。运行程序后会出现图 14-40 所示的画面，按下

绿色按钮可以让实心圆和矩形框在 3 种不同的海报模板之间交替切换显示。

按下红色按钮后会出现图 14-41 所示的运行结果，选中的海报模板放大显示，摄像头采集照片，照片经过 PIL 库处理后显示在海报模板中。

图 14-40　选择海报模板

图 14-41　生成海报

用户选好海报后，可长按绿色按钮进行打印，打印出的海报如图 14-42 所示。如果同时按红色按钮和绿色按钮，会跳出当前模式，回到主函数的界面。

掌握了"最牛打印机"的两种最关键的模式后，你已经打开了不一样的牛年。最后我们再来了解一下主函数的运行过程。

程序设计：主函数

主函数的界面如图 14-43 所示。主函数实现的功能为：按下绿色按钮可以在 3 种不同的模式中切换；红色按钮为确认，进入相对应的模式。在 3 种模式运行结束后或者同时按下红色按钮和绿色按钮时，会返回不同的数值，根据不同的数值会执行主函数的递归调用，重新显示主函数界面。相信掌握了前面模式的你，一定对主函数有了大体思路。

图 14-42　打印出的海报

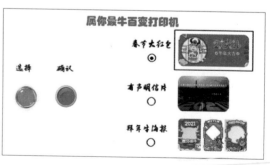

图 14-43　主函数的界面

主函数与3种模式的关系如图14-44所示，在主函数中以 import 调用程序名的方式调用3种模式。

主函数界面的显示方法与"春节大红包"模式的显示方法类似，也是竖向显示。每个模式的图片通过 PIL 库进行了图形处理，处理的细节程序如下。此自定义函数使用时需要传入两个参数，分别是图片对象和圆角半径，程序运行后会返回一个处理过圆角的图像。

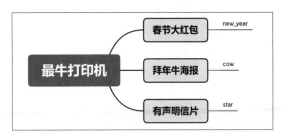

图 14-44　主函数与 3 种模式的关系

```python
def circle_corner(img, radii):
    """
    圆角处理
    :circle_corner img: 源图像。
    :circle_corner radii: 半径，如30
    :return: 返回一个圆角处理后的图像
    """
    # 画圆（用于分离4个角）
    circle = PIL.Image.new('L', (radii * 2, radii * 2), 0)
    # 创建一个黑色背景的画布
    draw = PIL.ImageDraw.Draw(circle)
    draw.ellipse((0, 0, radii * 2, radii * 2), fill=255)
    # 画白色圆形
    # 原图
    img = img.convert("RGBA")
    w, h = img.size
    # 画4个角（将整圆分离为4个部分）
    alpha = PIL.Image.new('L', img.size, 255)
    alpha.paste(circle.crop((0, 0, radii, radii)), (0, 0))
    # 左上角
    alpha.paste(circle.crop((radii, 0, radii * 2, radii)), (w - radii, 0))
    # 右上角
    alpha.paste(circle.crop((radii, radii, radii * 2, radii * 2)), (w - radii, h - radii))
    # 右下角
```

```
alpha.paste(circle.crop((0, radii, radii, radii * 2)), (0, h - radii))
 #左下角
img.putalpha(alpha)
 # 白色区域透明可见，黑色区域不可见
img_path = os.path.join('123.png')
img.save(img_path)
return ('123.png')
```

3 种不同模式的图像经过处理后就可以使用前面提到的 pygame 库中图像、文字、图形的显示方法将主函数的界面显示出来了。

总结

通过本项目，我们学会了使用树莓派进行图像采集的方法，实现了通过请求百度智能云获取人脸的微笑值，掌握了使用 PIL 库处理图像、使用 pygame 库显示内容的技巧。相信创意远不止这些，你一定还有更多的想法，欢迎一起制作更多有趣的项目。

第4篇

激光造物与人工智能

　　在最后一篇，我们通过激光造物结合视觉识别、语音识别，感受人工智能给生活带来的改变。

用 AI 视觉传感器哈士奇制作哄娃神器

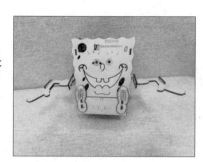

自从旺仔出生以后，每天哄娃开心是旺仔爸爸和旺仔妈妈乐此不疲的事情。相信其他的奶爸、奶妈也有哄娃开心的经历。本次分享的作品灵感来源于生活中的一次哄娃经历。几个月大的宝宝正处于视觉发展阶段，看到人捂脸又打开的动作会非常开心，但父母要上班，不能长时间陪伴孩子；家里老人年纪大了，也不能长期给孩子做这组动作。于是我就有了一个想法，制作一款可以自动哄娃开心的作品。需要声明一点的是，本次作品只是一种尝试，与正规玩具有很大的差距，我的本意是想作品能起到抛砖引玉的作用，请大家不要用太严格的标准评判它。

方案确定

本次作品的功能比较简单，主要是通过感应模块检测人体是否接近哄娃神器，当检测到有人体接近时，哄娃神器会执行设定好的动作，同时为了增加趣味性，我还给作品增加了播放 MP3 音乐的功能。

在初期设想作品的方案时，我比较了编程方案与非编程方案，因为当时没有想到在非编程模式下可以通过感应人体驱动舵机重复动作这个好方案，所以本次的作品采用了编程方案，以下是方案中对所用硬件的选择。

选择主控板

从性价比的角度出发，我选择 Arduino Nano 作为主控板，其引脚示意如图 15-1 所示。当然，使用 Arduino Uno、micro:bit、掌控板作为主控板也是可以的，大家可以自行尝试。

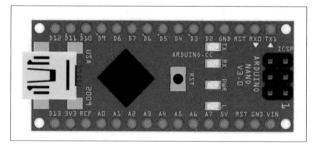

图 15-1　Arduino Nano 的引脚示意

选择传感器

可以实现本次作品功能的传感器有：超声波测距传感器、红外检测传感器、AI 视觉传感器等。传感器的精度和价格有直接关系。经过筛选，图 15-2~ 图 15-4 所示的感应模块是我比较推荐使用的。因为我之前参加 DF 创客社区的活动获得了哈士奇（HuskyLens），所以我选择使用它完成作品的功能，为了给作品增加"旺仔可以玩，大人不可以玩"的功能，我决定使用哈士奇和红外传感器共同完成检测任务。红外传感器是我从旧机器人上拆下来的（见图 15-5）。大家如果没有哈士奇也没有关系，可以使用红外传感器或超声波测距传感器完成哄娃神器的功能。

图 15-2　超声波测距传感器

图 15-3　红外检测传感器（左为 3~50cm 红外数字避障传感器，中为 3~80cm 红外数字避障传感器，右为人体热释电红外传感器）

选择执行器

执行器的主要作用是让哄娃神器的两只手臂动起来，可以实现此功能的执行器有：直流减速电机、舵机、步进电机。经过比较，舵机用起来比较方便。所以本次作品采用了 2 个 9g 舵机作为执行器（哄娃神器的手臂并不重，使用 1 个舵机也是可以的）。

图 15-4　AI 视觉传感器——哈士奇

选择音频模块

我选择使用的音频模块是 DFRobot 生产的 DFPlayer Mini 播放器模块，这个模块支持 micro SD 卡并且经济实惠。

整体方案确定后，我们开始设计哄娃神器的激光切割图纸。

图纸设计及激光切割

图 15-5　红外传感器

我使用 LaserMaker 软件设计了哄娃神器的激光切割图纸（见图 15-6），设计时需要注意预留安装孔位，然后使用激光切割机切割 2.5mm 厚的奥松板，切割后得到的结构件如图 15-7 所示。

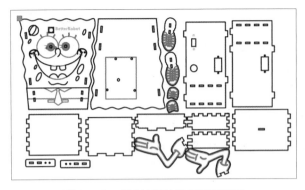

图 15-6　哄娃神器的激光切割图纸

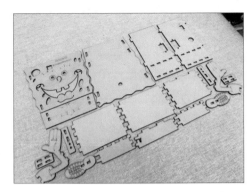

图 15-7　哄娃神器的激光切割结构件

材料清单

制作哄娃神器所需的部分材料如图 15-8 所示，清单如表 15-1 所示。

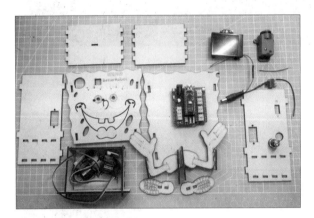

图 15-8　所需的部分材料

表 15-1　材料清单

序号	名称	数量
1	哄娃神器的激光切割结构件	1 组
2	红外传感器	1 个
3	哈士奇	1 个
4	DFPlayer Mini 播放器模块	1 个
5	9g 舵机	2 个
6	Arduino Nano	1 个
7	8Ω 0.5W 扬声器	1 个
8	拨动开关	1 个
9	DC 公母口	1 对
10	导线	1 根
11	红布	1 块
12	螺栓	若干

电路连接

图 15-9 所示为红外感应电路连接示意图，图 15-10 所示为哈士奇感应电路连接示意图。

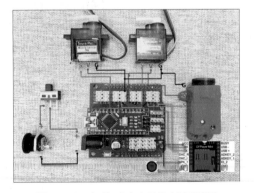

图 15-9　红外感应电路连接示意图

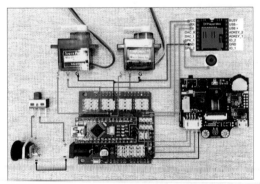

图 15-10　哈士奇感应电路连接示意图

组装

本次哄娃神器的组装非常简单，只需几步即可完成。

（1）组装萌萌的小抽屉（见图 15-11）。

（2）组装舵机和哄娃神器的手臂，并将它们安装在哄娃神器两侧的激光切割结构件上（见图 15-12）。需要注意的是，安装舵机前要调整舵机的初始角度。

（3）将步骤（1）和步骤（2）的组装成品与哄娃神器的背面板及小抽屉的层板组装在一起（见图 15-13）。

图 15-11 组装小抽屉

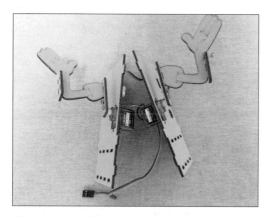

图 15-12 组装舵机和手臂并装在两侧结构件上

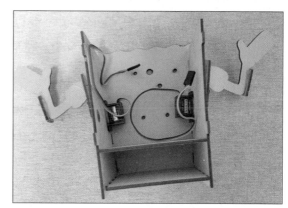

图 15-13 组装上述成品与背面板及小抽屉的层板

（4）将 Arduino Nano 组装在背面板上，并将传感器组装在前面板上（见图 15-14）。

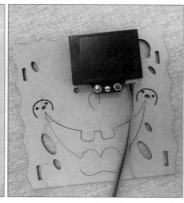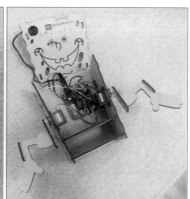

图 15-14 组装 Arduino Nano 和传感器

（5）其他硬件按照电路连接示意图连好后，放在哄娃神器的内部，并组装哄娃神器的前面板，然后给哄娃神器安装红布（见图 15-15）。

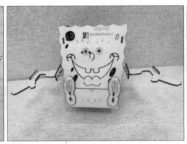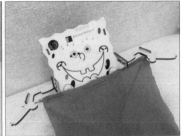

图 15-15　放入接好的硬件并组装前面板、安装红布

准备工作

准备音频

哄娃神器可以播放音频。我们要提前将需要播放的音频文件放置在 micro SD 卡中。我们先将 DFPlayer Mini 播放器模块中的 micro SD 卡中的文件夹改名为"mp3"，然后在这个文件夹下存放 MP3 音频。此处要注意的是，存放的 MP3 音频需要重新命名，命名必须以 4 位数字开头，如"0001.mp3""0001hello.mp3""0001 后来 .mp3"。

哈士奇学习人脸

哈士奇有人脸识别、颜色识别、标签识别、物体识别、巡线、物体追踪等多种模式，哄娃神器需要用到的是人脸识别模式。在编程前，我们需要让哈士奇先学习人脸。我们在人脸识别模式下，按下哈士奇的学习按键（见图 15-16），屏幕显示蓝色框代表识别成功（见图 15-17），ID1 是指识别的第一个人脸。哈士奇的人脸识别模式可以识别多人，但我们对应作品名称，此处不能对成人的脸部进行学习。

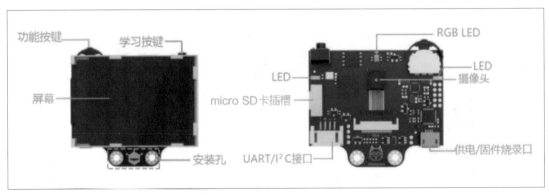

图 15-16　哈士奇部件指示图

图 15-17　在人脸识别模式下学习人脸

程序编写

我们使用 Mind+ 图形化编程软件设计本作品的程序。初次使用这个软件，需要先单击软件界面右上角的按钮，将模式切换为"上传模式"。然后单击界面左下角的"扩展"，依次添加"主控板"选项卡下的"Arduino Nano"，"传感器"选项卡下的"HUSKYLENS AI 摄像头"，"执行器"选项卡下的"MP3 模块"和"舵机模块"，如图 15-18 所示。

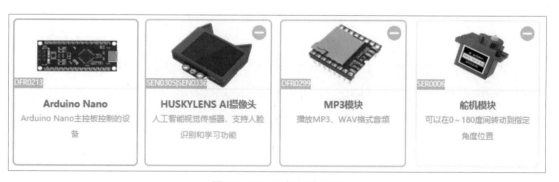

图 15-18　添加相应扩展

添加完相应扩展后，将 Arduino Nano 连接至计算机，然后我们就可以开始编程了。本次程序设计的思路很简单，哄娃神器播放音乐，当哈士奇或红外传感器检测到人时，音乐停止，哄娃神器开始转动手臂，带动红布，实现"遮脸、露脸"的效果。参考程序如图 15-19 所示。

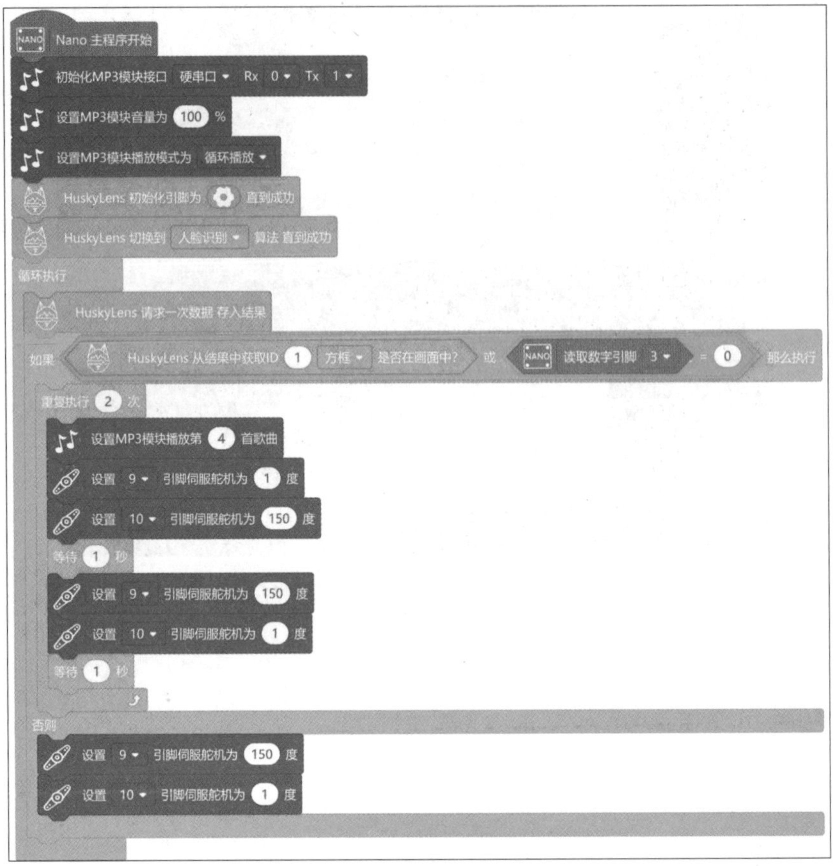

图 15-19　参考程序

总结

　　本次设计的哄娃神器尺寸有些小，如果再大一号，效果可能会更好。另外，需要注意的是，采用红外传感器时，红布一定不能挡住红外传感器，否则程序会产生误判。也可以想办法让哄娃神器的嘴部动起来，这样更加吸引宝宝。造物让生活更美好。

树莓派 AIoT 智能语音助手 ——一次点外卖的经历 成就的"传话筒"

　　某天中午，我点了外卖，送外卖的是一位聋哑人，他把外卖放到前台，给我发了外卖送到的短信（见图 16-1）就走了，我所在的场所人还是比较多的，幸好我拿到了外卖。从那天以后，我就一直在思考以下几个问题。如果外卖被拿错了怎么办呢？送外卖的师傅会不会被投诉？怎样才能帮助聋哑人像正常人一样送外卖呢？

　　如果有一种装置能够代替聋哑人打电话，用机器合成的语音通知客户外卖送达，这样比发短信更加直接。作为创客的我就开始琢磨怎么制作这样的作品。

　　目前市面上在售的帮助聋哑人沟通的产品大部分为手写板装置，能够代替聋哑人讲话的成熟产品并没有发现（也有可能是我搜索的方式不对）。继续搜索，我发现近几年已经有关于聋哑人手语识别的学术研究出现了，多以手势识别摄像头和手势识别手套的方式将聋哑人的手语转换成语音或文字。由于手势控制很复杂，目前这些产品仍处于研发阶段，沟通壁垒依然存在。

　　视觉识别和手势识别以我目前掌握的技术还实现不了，我综合考虑自己的能力后，将满足聋哑人电话通信需求的装置的实现想法大致确定为：制作一个提前建立好送外卖常用语语料库的语音助手装置，聋哑人可以利用语音助手装置与客户进行对话，聋哑人想要知道对方说了什么内容，可以通过语音助手的显示屏幕查看信息，如果要回话，可以将内容通过手写输入的方式发送至语音助手，这样语音助手就扮演了"传话筒"的角色，所以本文

图 16-1　我收到的短信

副标题就是"一次点外卖的经历成就的'传话筒'"。当然，本作品除了满足送外卖的需求外，还具备智能语音对话功能，就像天猫精灵、小爱同学那样。

接着，我开始尝试实现上述想法。语音合成和语音识别技术是实现这个项目的关键，在本地进行语音识别显然需要算力强大的设备，对于我而言还是通过云计算实现起来比较妥当。我尝试了几种能够实现语音对话的平台，经过多次比较后，最终选用了树莓派，通过百度 AI 开放平台实现普通人与机器人智能对话的功能和聋哑人送外卖沟通的功能。

确定制作方案

我制作的语音助手有两个模式：送外卖模式和智能对话模式。在送外卖模式下，送餐员需要先拨通客户电话，语音助手可以利用机器语音播报功能代替送餐员打电话，屏幕上还会通过语音识别功能显示客户说了什么内容；其他用户可以选择智能对话模式。两种模式运行时都分为 4 个步骤：采集信息、识别信息、处理信息、反馈信息（见图 16-2）。

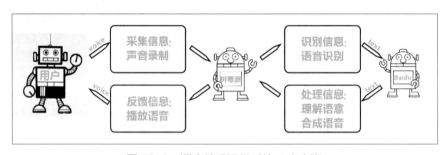

图 16-2　语音助手运行时的 4 个步骤

两种模式下 4 个步骤实现流程的思维导图如图 16-3 所示。

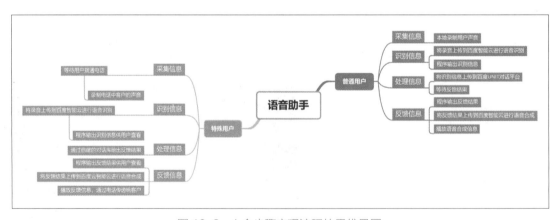

图 16-3　4 个步骤实现流程的思维导图

确定主控

要完成这几个步骤，首先需要确定主控。为了满足声音采集、音频播放、物联网、GPIO 控制等需求，我们选择了树莓派（3B 及以上）作为主控。

主控确定了以后，第一步就是给树莓派烧录系统，新手可以上网查找相关教程，这里不再赘述。

图 16-4 外置话筒

声音采集

我们使用图 16-4 所示的外置话筒来实现声音的采集。

音频的播放

我们使用小扬声器和功放板播放音频。话筒和功放板都是通过 3.5mm 音频头连接到 USB 外置声卡，再连接到树莓派的 USB 接口的（见图 16-5）。

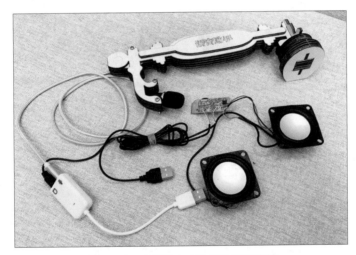

图 16-5 音频输入 / 输出设备的连接

程序中，我们使用 pydub 库实现音频播放。

HDMI 显示屏和 3.5 英寸触摸屏的切换

如需启用 HDMI 输出，需执行以下命令，树莓派会自动重启。再等待约 30s，HDMI 显示屏开始显示。

```
cd LCD-show/
sudo ./LCD-hdmi
```

如需切换回以 3.5 英寸触摸屏显示，则需执行以下命令。

```
cd LCD-show/
sudo ./LCD35-show
```

对话模块

对话模块采用百度 UNIT，使用该平台前需要做些注册、申请的准备工作，后面会详细讲解。

语音识别及合成模块

语音识别及合成模块采用百度智能云的相关功能。

显示模块

显示模块使用 Python 3 自带的 GUI 界面库 tkinter 制作（见图 16-6），为了让 GUI 界面和语音助手同时运行，程序中还使用了多线程库 threading。tkinter 一种是比较旧的图形化界面，其实我们还可以尝试更漂亮的第三方库，比如 PyQt、wxPython 等。

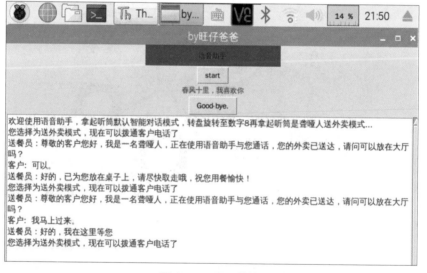

图 16-6　显示模块

在语音识别平台方面，我尝试过图灵、讯飞、百度、青云、思知等平台，最后确定选择百度智能云，是因为百度智能云响应快，对话比较顺畅，而且免费时限长、免费额度大，其他几个平台要么收费高，要么运行不流畅。腾讯云、华为云、阿里云的服务我没有尝试，有兴趣的伙伴可以去试试。

开始制作

制作所需要的材料见表 16-1。

外壳设计

因为语音助手有通话模式，所以我决定将它的外形设计成造型复古的电话机样式（见图 16-7），缺点是不便携。

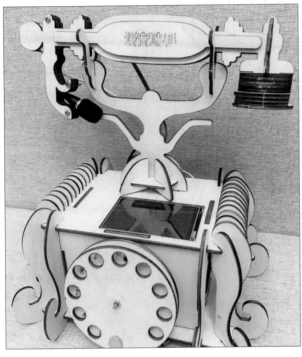

图 16-7 语音助手的外形设计

表 16-1 制作所需要的材料

序号	名称	数量
1	树莓派 3B（包含 micro SD 卡）	1 个
2	18650 供电模块（5V/2A）	1 个
3	小扬声器	2 个
4	功放板	1 个
5	USB 声卡	1 个
6	外置话筒	1 个
7	3.5mm 音频头	1 个
8	3.5mm 音频延长线	1 根
9	磁感应传感器	1 个
10	微动开关	1 个
11	1kΩ 电阻	1 个
12	开关	1 个
13	DC 接头	1 个
14	12mm 磁铁	1 个
15	杜邦线	若干
16	3.5 英寸触控屏（可选）	1 个
17	3mm 厚椴木板（600mm×400mm）	1 块
18	五金件	若干

图 16-8 所示为使用 AutoCAD 软件设计好的激光切割图纸，将其导入 LaserMaker 后部分曲线显示不全，不过这是一个小问题，并无大碍，用曲线工具补全就好了。图 16-9 所示为切割好的结构件。

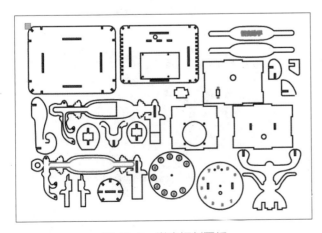

图 16-8 激光切割图纸

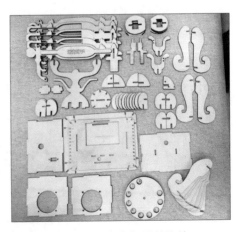

图 16-9 切割好的结构件

电路设计

硬件连接如图 16-10 所示。

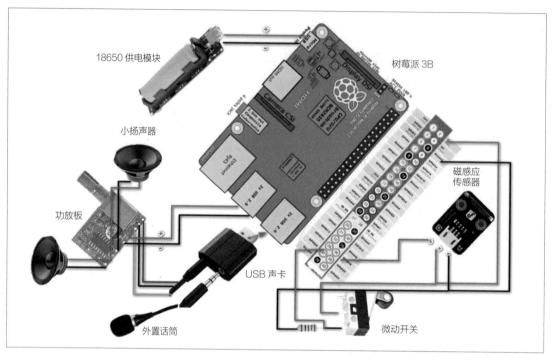

图 16-10　硬件连接示意图

微动开关需要通过一个下拉电阻连接到树莓派的 GPIO37 引脚，磁感应传感器连接到树莓派的 GPIO36 引脚。程序中 GPIO 库使用的是树莓派的物理引脚 BOARD 编码（根据 Python 库函数决定使用哪种形式的编码）。

组装

（1）首先将拾音的外置话筒安装在电话机的听筒上（见图 16-11），由于话筒距离主控较远，需要增加一根音频延长线，将其预埋在切割好的听筒结构中。我用的外置话筒是很久之前买的，能用，质量一般，优点是便宜，但有一个问题就是接头的部位是直角弯，体积太大了，需要进行改造。我把插头的外壳剥离，重新焊接了新的 3.5mm 音频头。

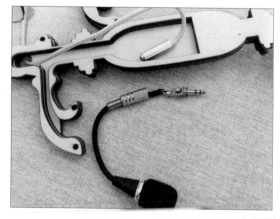

图 16-11　安装话筒

（2）听筒的外壳共有 5 层，中间 3 层是镂空的，用于容纳连接线路，前后两层为面板，起到封装的作用（见图 16-12）。听筒安装完成后如图 16-13 所示，在提前设计好的固定孔中安装 M3 螺栓进行加固。

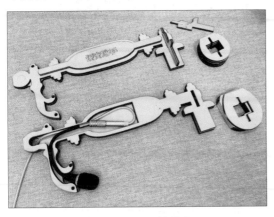

图 16-12　听筒外壳

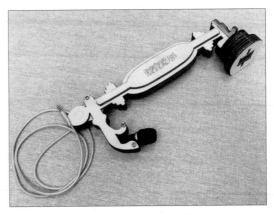

图 16-13　安装听筒

（3）接着安装放置听筒的架子（见图 16-14），这一步非常简单。要注意的细节是，我们需要在听筒的架子上安装一个微动开关（见图 16-15），起到选择程序的作用。当听筒放置在架子上时，正好可以触发开关。微动开关连接了一个下拉电阻来保持信号稳定。利用两颗 M2 螺栓将微动开关固定在预先设计好的孔位中（见图 16-16）。

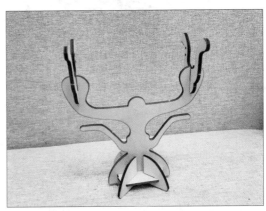

图 16-14　安装放置听筒的架子

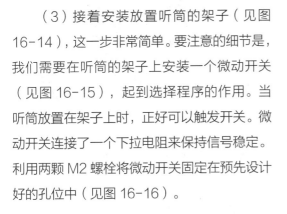

图 16-15　微动开关

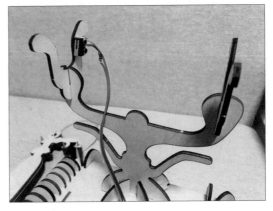

图 16-16　固定微动开关

（4）接下来安装电话主机，为了让造型更加美观，我在4个角增加了造型复古的结构（见图16-17）。

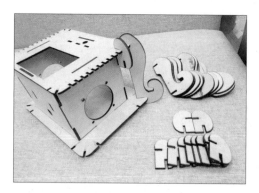

图 16-17　在4个角增加造型复古的结构

（5）在主机前面板上放置两个支架（见图16-18），用来安装拨号盘。前面板上的圆孔用来走线。拨号盘分为两层，上面一层设有圆孔，可以看到下面一层圆盘上的数字；下面一层正面是数字，背面是磁感应传感器（见图16-19）。

图 16-18　放置支架

图 16-19　拨号盘

（6）两层转盘通过螺栓、螺母固定，安装磁铁后如图16-20所示。主机后面安装开关和充电接口（见图16-21）。

图 16-20　固定两层转盘

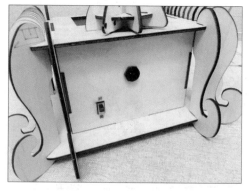

图 16-21　安装开关和充电接口

（7）本作品使用的小扬声器是从以前购买的台式机赠送的小音箱上拆下来的（见图 16-22）。将功放板、小扬声器和外置话筒与 USB 声卡连接在一起。然后，将 USB 声卡和功放板的 USB 线连接到树莓派的 USB 接口中，接着将供电模块、微动开关和磁感应传感器与树莓派连接。由于要安装 3.5 英寸触控屏，两个传感器的 VCC 正极引脚接线只能从 GPIO 引脚的背面焊接了（见图 16-23）。将连接好的硬件放入电话主机内（见图 16-24）。

图 16-22　带有小扬声器的小音箱

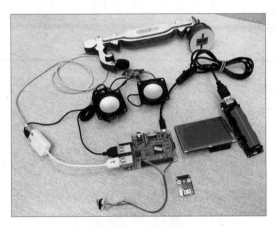

图 16-23　连接硬件

图 16-24　将硬件放入电话主机内

（8）小扬声器安装在两侧。从图 16-25 中还可以看出触控屏没有安装到位，这是因为设计之初没有考虑周全，接上 USB 线后，触控屏尺寸已经超出范围了，需要改进结构。

（9）将触控屏整体向右边移动，留出接 USB 线的空间，改进后的样子如图 16-26 所示。

图 16-25　触控屏没有安装到位

图 16-26　改进后的语音助手

程序设计

调试本作品程序使用的是树莓派系统自带的 thonny 编程环境，当然你也可以使用 Python 3 IDLE 完成程序调试。程序完成的功能和实现思路如图 16-27 所示。

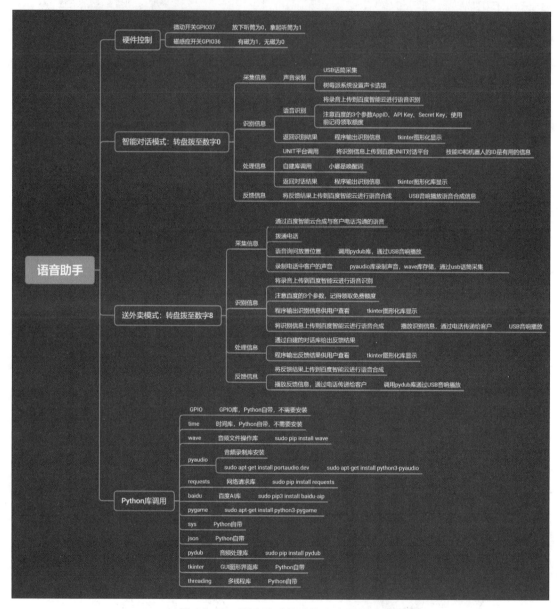

图 16-27 程序完成的功能和实现思路

想要实现语音识别和语音对话功能，需要先在百度智能云平台上做一些准备工作。

语音识别和语音对话功能的准备工作

登录百度智能云，如果是第一次使用，需要先进行注册。在"产品服务"菜单中可以看到本次我们需要使用到的"语音技术""智能对话定制与服务平台 UNIT"功能。我们先单击"语音技术"进行设置（见图 16-28）。

图 16-28　百度智能云"产品服务"菜单界面

单击"创建应用"（见图 16-29）。给创建的应用设置名称，"接口选择"按默认即可，"语音包名"选择"不需要"，"应用归属"选择"个人"，进行简单的应用描述后单击"立即创建"（见图 16-30）。

图 16-29　单击"创建应用"

图 16-30　设置"语音识别"应用的参数

创建完毕后可以单击"返回应用列表"（见图 16-31），也可以单击"查看文档"学习调用的方法。返回应用列表后可以看到如下列表信息（见图 16-32），其中 AppID、API Key、Secret Key 是程序中需要使用的信息。

图 16-31　单击"返回应用列表"

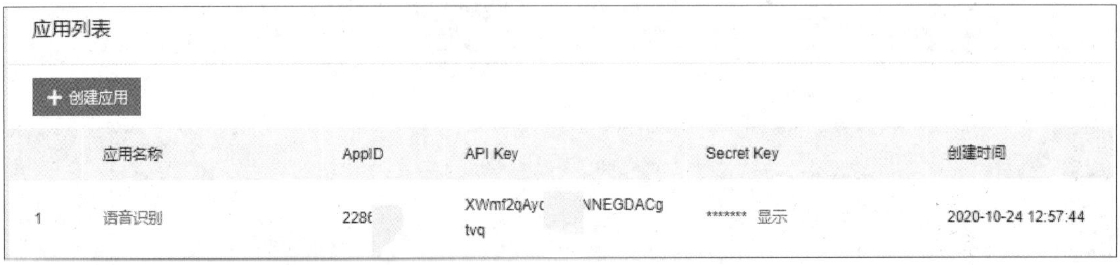

	应用名称	AppID	API Key		Secret Key	创建时间
1	语音识别	2286	XWmf2qAyc tvq	NNEGDACg	****** 显示	2020-10-24 12:57:44

图 16-32　应用列表信息 1

需要注意的是，"语音技术"功能需要单击左侧"概览"菜单（见图 16-33），在所列出的菜单中选择自己需要的功能，单击"立即领取"才能获得免费额度，否则程序调用会不成功。

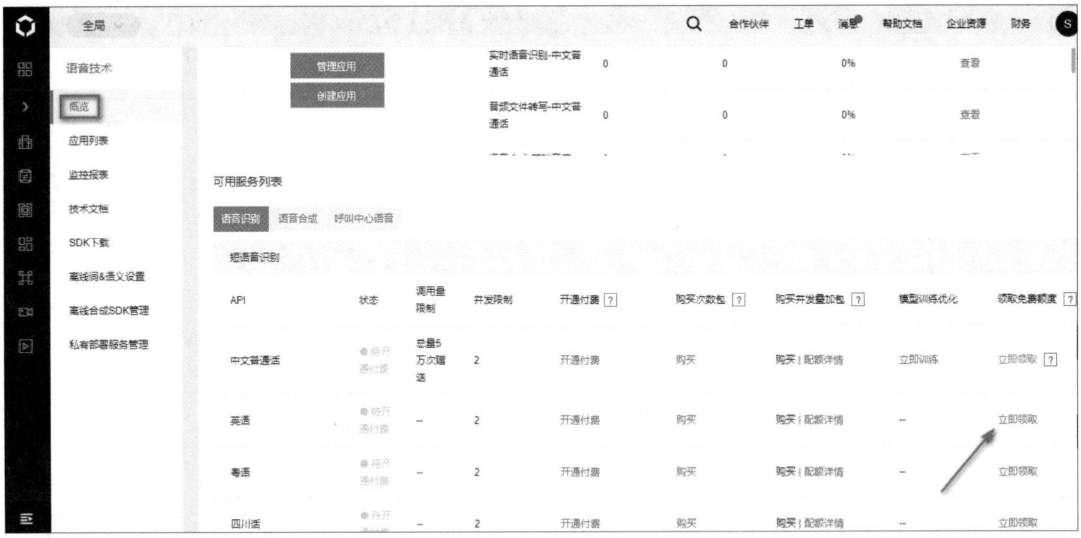

图 16-33　"概览"菜单

我们再单击"产品服务"，选择"智能对话定制与服务平台 UNIT"功能，就可以看到图 16-34 所示的界面，单击"创建应用"。

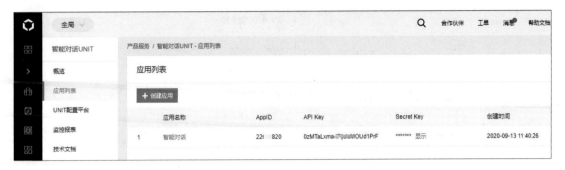

图 16-34 "智能对话 UNIT"界面

接着填写应用名称、应用类型，"接口选择"选择 UNIT 和语音技术，"语音包名"选择"不需要"，描述应用后单击"立即创建"（见图 16-35）。创建完毕后返回应用列表，可以看到已经创建好的应用（见图 16-36），其中 AppID、API Key、Secret Key 是程序中需要使用的信息。接下来我们需要单击左侧的"UNIT 配置平台"来配置智能对话技能（见图 16-37）。单击之后，页面会跳转到如下界面，我们单击"进入 UNIT"（见图 16-38）。

图 16-36 应用列表信息 2

图 16-37 单击"UNIT
配置平台"

图 16-38 单击"进入 UNIT"

图 16-35 设置"语音助手"应用的
参数

单击"新建技能"（见图 16-39）。选择"对话技能"，单击"下一步"（见图 16-40）。设置技能名称，单击"创建技能"（见图 16-41）。

图 16-39 单击"新建技能"

图 16-40　选择"对话技能"

图 16-41　设置技能名称后单击"创建技能"

之后就可以看到新建的技能了，技能 ID 是有用的信息（见图 16-42）。接着单击"我的机器人"菜单，单击"+"号增加机器人（见图 16-43）。

图 16-42　新建的技能

图 16-43　增加机器人

填写机器人名称，"对话流程控制"选择"技能分发"，接着单击"创建机器人"（见图 16-44）。可以看到新建的机器人，机器人的 ID 是有用的信息（见图 16-45）。然后单击机器人进入图 16-46 所示的界面，我们需要给机器人添加技能。

图 16-44　创建机器人

图 16-46　"我的技能库"界面

图 16-45　新建的机器人

单击左侧的"对话"可以进行线上对话测试（见图 16-47）。

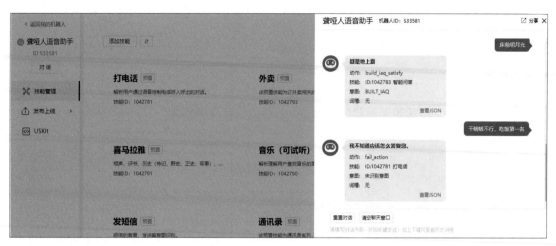

图 16-47　单击"对话"

到此为止，我们在百度智能云平台上的准备工作就完成了，接下来可以参考图 16-27 下方安装 Python 库文件。

程序初始化

需要提前安装好各种库函数。

```python
import RPi.GPIO as GPIO # 导入 GPIO 库
from tkinter import * # 导入 tkinter 图形库
from tkinter import scrolledtext # 导入 tkinter 图形库的滚动字符
import threading # 导入多线程库
import time
#from PIL import ImageTk,Image
import wave # 导入音频处理库
import pyaudio # 导入音频录制库
import requests # 导入网络请求库
from aip import AipSpeech # 导入百度 AI
from pydub import AudioSegment #pip install pydub　# 导入音频播放库
from pydub.playback import play#pip install pydub
import pygame # 导入 pygameku1
from pygame import mixer
import sys
import json
```

```
GPIO.setmode(GPIO.BOARD)
GPIO.setup(37, GPIO.IN)
GPIO.setup(36, GPIO.IN)
```

语音录制

我们使用 pyaudio 库录制音频，使用 wave 函数保存音频文件。

```python
def audio_record(out_file, rec_time):
  CHUNK = 1024
  FORMAT = pyaudio.paInt16 #16bit 编码格式
  CHANNELS = 1 # 单声道
  RATE = 16000 # 采样频率
  p = pyaudio.PyAudio()
  # 创建音频流
  stream = p.open(format=FORMAT, # 音频流 WAV 格式
    channels=CHANNELS, # 单声道
    rate=RATE, # 采样率
    input=True,
    frames_per_buffer=CHUNK)
  print("Start Recording...")
  frames = [] # 录制的音频流
  # 录制音频数据
  for i in range(0, int(RATE / CHUNK* rec_time)):
    data = stream.read(CHUNK)
    frames.append(data)
  # 录制完成
  #print(frames)
  stream.stop_stream()
  stream.close()
  p.terminate()
  # 保存音频文件
  with wave.open(out_file, 'wb') as wf:
    wf.setnchannels(CHANNELS)
    wf.setsampwidth(p.get_sample_size(FORMAT))
```

```
        wf.setframerate(RATE)
        wf.writeframes(b''.join(frames))
```

调用百度智能云实现语音识别

百度智能云的 3 个参数 AppID、API Key、Secret Key 是关键数据。

```python
def audio_discern(audio_path ="./test1.wav",audio_type ="wav"):
    """百度智能云的 ID, 免费注册"""
    APP_ID = '替换成你的'
    API_KEY = '替换成你的'
    SECRET_KEY ='替换成你的'
    client = AipSpeech(APP_ID, API_KEY, SECRET_KEY)
    # 读取文件
    def get_file_content(filePath):
        with open(filePath, 'rb') as fp:
            return fp.read()
    # 识别本地文件
    text = client.asr(get_file_content (audio_path), audio_type, 16000)
    return text
```

调用百度智能云实现语音合成输出

```python
def speak(s):
    print("-->"+s)
    APP_ID = '替换成你的'
    API_KEY = '替换成你的'
    SECRET_KEY ='替换成你的'
    client = AipSpeech(APP_ID, API_KEY, SECRET_KEY)
    result = client.synthesis(s,'zh', 1, { 'vol': 5,})
        # 识别正确, 返回语音二进制代码; 识别错误, 则返回 dict
        with open('auido.mp3', 'wb') as f:
            f.write(result)
        sound = AudioSegment.from_mp3('auido.mp3')
    play(sound)
```

请求百度 UNIT 智能对话

机器人 ID（service_id）和技能 ID（client_id）需要提前申请。

```python
def get_f(q,service_id,client_id,client_secret):
  host ='https://aip.baidubce. com/ oauth/2.0/token?'\
    'grant_type=client_credentials &' \
    'client_id=替换成你的 &client_secret =替换成你的 '
  response = requests.get(host).json()
  access_token=response['access_token']
  url ='https://aip.baidubce.com/rpc/2.0/unit/service/chat?access_token= ' + access_token
  post_data  = {
    "session_id": " ",
    "log_id": "UNITTEST_10000",
    "request":{
      "query": " ",
      "user_id": "88888"
    },
    "dialog_state":{
      "contexts":{"SYS_REMEMBERED_SKILLS":["1057"]}
                },
    "service_id": " ",
    "version": "2.0"
  }
  post_data["request"]["query"]=q
  post_data["service_id"]=service_id
  encoded_data = json.dumps(post_data).encode(' utf-8 ')
  headers = {' content-type' : ' application/json' }
  response = requests.post(url,data=encoded_data,headers=headers)
  f_zero_dict=response.json()
  f=get_target_value("say",f_zero_dict,[])
  #print(f_zero_dict)
  print(f[0])
  F=str(f[0])
  text.insert(END,' count_B:' +str
```

```
(F)+' \n')
speak(F)
F=F.replace('~','。')#断句
return F'
```

提取有用信息

```
def get_target_value(key, dic, tmp_list):
    """
    :param key: 目标 key 值
    :param dic: JSON 数据
    :param tmp_list: 用于存储获取的数据
    :return: list
    """
    if not isinstance(dic, dict) or not isinstance(tmp_list, list):  # 对传入数据进行格式
校验
        return 'argv[1] not an dict or argv[-1] not an list'
    if key in dic.keys():
        tmp_list.append(dic[key]) # 传入数据存在则存入 tmp_list
    for value in dic.values(): # 传入数据不符合则对其 value 值进行遍历
        if isinstance(value, dict):
            get_target_value(key, value, tmp_list)
        # 传入数据的 value 值是字典，则直接调用自身
        elif isinstance(value, (list, tuple)):
            get_value(key, value, tmp_list)
# 传入数据的 value 值是列表或者元组，则调用 _get_value
    return tmp_list
def _get_value(key, val, tmp_list):
    for val_ in val:
        if isinstance(val_, dict):
            get_target_value(key, val_, tmp_list)
# 传入数据的 value 值是字典，则调用 get_target_value
        elif isinstance(val_, (list, tuple)):
            _get_value(key, val_, tmp_list)
# 传入数据的 value 值是列表或者元组，则调用自身
```

多线程

多线程库 threading 的用法如下。

```
def fun():#多线程
  #for i in range(1, 5+1):
  th=threading.Thread(target=count,
  args=())
  th.setDaemon(True)#守护线程
  th.start()
  var.set(' 春风十里，我喜欢你')
def close_window():#tkinter 窗口关闭指令
  root.destroy()
```

子线程包含两种对话模式，主程序是 tkinter 图形化界面。

总结

本次语音助手的项目从开始构思到制作完成，花了我3个多月的时间，时间主要花在构思和程序调试上。程序调试成功后，我带着树莓派去上班，到了晚上回家后，悲剧发生了：树莓派开机上电，一点反应都没有，红灯常亮，绿灯有规律地闪烁4次。我怀疑存储卡坏了，于是拿出来一块新的 micro SD 卡，重新烧录系统，结果发现问题依旧存在，测量电源电压也正常。我上网查找问题，怀疑是树莓派放在包里被什么东西挤压到了，micro SD 卡槽坏了。这也不好修理，于是我上网花了 125 元买来一块二手的树莓派，成功用到现在。从这件事可以看出，在研究的过程中，遇到问题是很正常的，失败也是在所难免的，但失败其实只是一个结果、一个现象，你不能被打击而失去信心，要客观地看待这件事情：虽然没有成功，但是你已经在研究的过程中积累了经验。千万不能放弃，要调整好心态，冷静思考，查找原因，才能最终解决问题。

虽然本作品把当初设定的功能基本实现了，但也还存在很多不足。

（1）体积还存在很大的改进空间，可以使用体积更小的树莓派 Zero 制作便携的作品。

（2）本作品需要连接网络才能使用，后续可以尝试更方便的联网方式或者是以本地算法实现。

（3）需要根据真实的场景丰富语料库。

（4）本作品没有实现最开始设想的手写输入回话的功能，可以继续尝试改进。

再造聋哑人语音助手

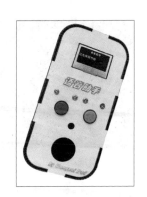

之前，我因一次点外卖的经历获得灵感制作了一个帮助聋哑人送外卖的语音助手（见图17-1），作品虽然成功实现了功能，但也存在不足，比如作品体积太大，导致携带不方便；作品在没有网络的情况下几乎没办法使用；需要代码编程，对新手不友好。我时常思考如何改进，最近看到DFRobot推出了两款可以在离线环境下使用的产品——语音识别模块和语音合成模块，圈内的朋友们把这两款产品与哈士奇人工智能摄像头一起称为"人工智能三剑客"，我想，把这两款产品用在聋哑人语音助手中应该再合适不过了，于是迭代了这个作品。

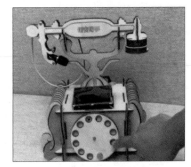

图 17-1　之前制作的语言助手

因为本作品是对之前作品的迭代，所以需要先确定改进的方向（见表17-1）。

表 17-1　存在问题和改进的方向

存在的问题	改进的方向
在无网络的环境下无法进行语音识别	实现离线语音识别
体积太大，携带不方便	设计成手机尺寸
需要代码编程，对新手不友好	图形化编程，降低学习门槛

方案介绍

本次制作的核心还是将送外卖常用语语料库建立在语音助手中，聋哑人可以利用语音助手与客户进行对话，想要知道对方说了什么内容，可以通过语音助手的显示屏查看信息，提前设置好需要回复的内容进行回话，这样语音助手就承担了"传话筒"的角色。此次作品的改进在于实现语音离线识别。要实现离线识别功能，离不开语音识别模块（见图17-2）与语音合成模块（见图17-3）。

先来了解语音识别模块，它是一款针对中文进行识别的模块，采用 I^2C 接口。该模块采用LD3320语音识别专用芯片，只需要在程序中设定好要识别的关键词，模块就可以完成非特定

图 17-2　语音识别模块

图 17-3　语音合成模块

人语音识别，不需要用户事先训练和录音，识别准确率高达95%。这个模块非常适合网络环境比较差或者根本没有网络的场景。

语音识别模块板载驻极体话筒，可直接用于语音的拾取，还预留了 3.5mm 话筒接口，可接入附带的 3.5mm 接口的领夹式话筒（见图 17-4）。它体积小巧，支持 Mind+ 图形化编程，同时兼容 Arduino、micro:bit、掌控板等主控板，这些特点对于本次作品改造起到了关键性的作用。

接下来了解语音合成模块。该模块采用 I²C 和 UART 两种通信方式，兼容市面上绝大部分主控板，模块上已经自带了一个扬声器，所以无须再额外添加扬声器。它支持中文、英文和中英文混合合成，支持多种文本控制标识，可以满足用户对语音合成发音人、音量、语速、语调等的设置。文本控制标识是此款语音合成模块的一大特色，如要合成"[s1] 我慢条斯理。[s8] 我快言快语"这段语音，经过设置标记，前一句合成语速会很慢，后一句合成语速会很快，但不会读出"s1"和"s8"，标记只是作为控制标记实现功能，不会合成为声音输出。

如果注意观察，你会发现此款语音合成模块用到的核心芯片为科大讯飞出品的 XFS5152CE 高集成度语音合成芯片，其使用场景非常广泛。

介绍完两款起到关键性作用的宝贝，我们还需要选择主控板。由于作品是给聋哑人使用的语音助手，他们大多只能用眼睛看，并不能听到客户讲话，所以一个用来显示文字信息的屏幕是非常有必要的，为了兼顾功能和体积，本次选用了自带屏幕的掌控板（见图 17-5）作为主控板。

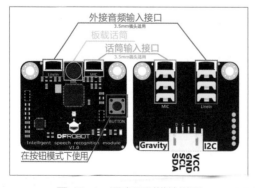

图 17-4　语音识别模块说明

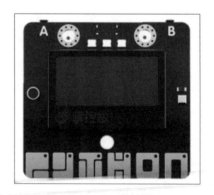

图 17-5　掌控板

制作过程

本次我们要制作成一款可以拿在手上，携带方便的语音助手，所以小巧的体积是比较关键的一个设计要求，我们需要对选用的硬件进行合理的布局，硬件清单如表 17-2 所示。部分硬件如图 17-6 所示。

表 17-2　硬件清单

序号	名称	数量
1	掌控板 + 掌控宝（扩展板）	1 套
2	I²C 语音识别模块	1 个
3	中英文语音合成模块	1 个
4	数字大按钮模块（红色和绿色）	2 个
5	4Pin I²C/UART 传感器连接线	2 根
6	3Pin 杜邦线	2 根
7	五金件	若干
8	3mm 厚椴木板（600mm×400mm）	1 块
9	USB Type-C 下载线	1 根

结构设计

我使用 LaserMaker 软件设计激光切割图纸，材料选用 3mm 厚的椴木板，激光切割图纸如图 17-7 所示。

利用激光切割机加工的结构件如图 17-8 所示。

电路设计

接着我们进行电路设计，我们确定了使用掌控板、语音识别模块和语音合成模块，再额外配合掌控宝（扩展板）就可以实现两路数字大按钮和两路 I²C 接口的使用啦，电路连接如图 17-9 所示。

图 17-6　部分硬件

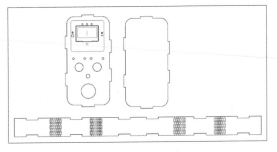

图 17-7　激光切割图纸

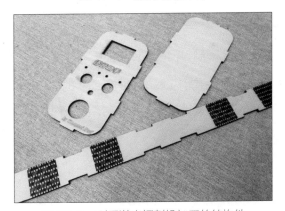

图 17-8　利用激光切割机加工的结构件

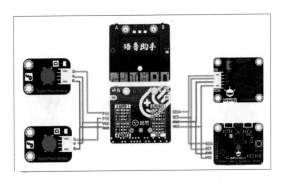

图 17-9　电路连接示意图

组装

语音助手的组装非常简单，只需简单的几步即可完成（见图 17-10）。

（1）将所有的电子部件安装在面板上。

（2）将两个数字大按钮、语音识别模块和语音合成模块与掌控宝连接起来。

（3）安装柔性的侧板。

（4）安装底板。

图 17-10　语音助手制作完成

编程实现

在开始编写程序之前，我们需要了解一下语音识别的过程，如图 17-11 所示。

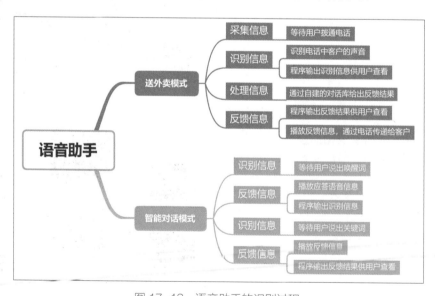

图 17-11　语音识别的原理

本次语音助手使用的是离线识别方式，而上一次的作品使用的是在线识别方式，它们各有各的特点。离线识别响应速度快，不受网络限制，但模型库可能不够丰富；而在线识别模型库丰富，但有可能会受到网络限制。

接下来我们了解本次语音助手的识别过程（见图 17-12），我设置了两种模式，一种是专门为聋哑人设计的送外卖模式，另一种是为普通用户设计的智能对话模式。

图 17-12　语音助手的识别过程

熟悉了两种模式后，我们开始编写程序。此次我使用Mind+图形化编程环境，首先需要在"扩展"中选择"主控板"为掌控板，然后需要在"用户库"中选择"I²C语音识别模块"和"Gravity语音合成模块"，在搜索栏输入对应名称即可找到（见图17-13）。

接着我们进行简单的功能测试，先来测试语音合成模块的功能，编写图17-14所示的程序，下载运行后会每隔1s发出"你好"的声音。

接着测试语音识别模块的基础功能。将语音识别模块设置为循环模式（循环模式就是循环检测，暂且这么理解，下面会详细介绍），添加关键词"kai deng"，关键词编号为1，当识别到"开灯"声音时，掌控板屏幕显示"灯已打开"（见图17-15）。

图 17-14　语音合成模块测试程序

图 17-13　在"用户库"中选择"I²C 语音识别模块"和"Gravity 语音合成模块"

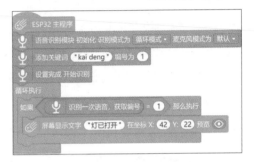

图 17-15　语音识别模块测试程序

语音识别模块除了有循环模式外，还有按钮模式和指令模式，识别模式指示灯为蓝色代表循环模式，为绿色代表按钮模式，为白色代表指令模式；识别模式指示灯点亮代表语音识别模块在工作，熄灭代表语音识别模块在休眠，闪烁一次代表语音识别模块准确识别出添加的关键词。

将识别模式设置为循环模式后，识别模式指示灯常亮蓝色，此时模块一直处于拾音状态，不停地拾取环境中的声音进行分析、识别。当识别到录入的关键词后，指示灯会闪烁一次，提示使用者已准确识别。同一时间只能识别一条关键词，待指示灯闪烁后方可进行下次识别。

将语音识别模块的识别模式设置为按钮模式后，识别模式指示灯常灭，此时模块处于休眠状态，对环境中的声音完全忽略，在按钮被按下时会激活模块。模块被激活后，指示灯常亮绿色，识别到录入的关键词后，指示灯会闪烁一次，提示使用者已准确识别。同一时间只能识别一条关键词，待指示灯闪烁后方可进行下次识别。

将语音识别模块的识别模式设置为指令模式后，识别模式指示灯常灭，此时模块处于休眠状态，对环境中的声音完全忽略，在说出唤醒关键词后激活模块。模块被激活后，指示灯常亮白色，识别到录入的关键词后，指示灯会闪烁一次，提示使用者已准确识别。同一时间只能识别一条关键词，待指示灯闪烁后方可进行下次识别。唤醒时长为 10s。在这 10s 内，每当识别到添加的关键词后，唤醒时间会刷新。如果 10s 内没有识别成功，则模块会再次进入休眠状态。

了解这几种模式对我们的作品选择什么样的模式会有很大帮助，接下来将语音识别模块和语音合成模式结合在一起进行测试，此次我们将语音合成模块设置成"唐老鸭"的声音，发音方式为"单词"，这样发出的声音会更有感情。程序要实现的目的是，当语音识别模块识别出"kai deng"的指令后，屏幕上显示"灯已打开"，同时发出"灯已打开"的声音（见图 17-16）。

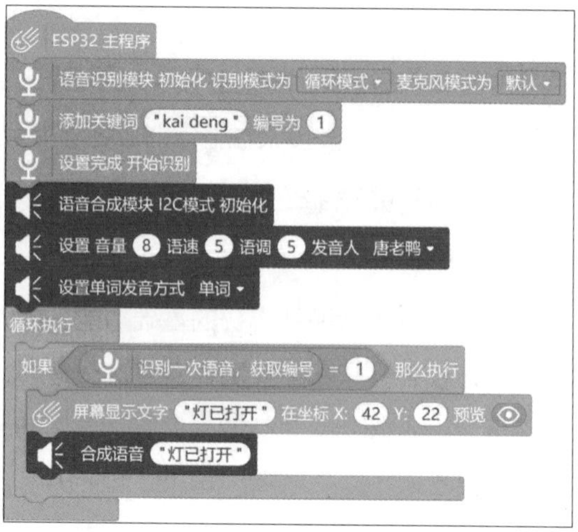

当我们能简单地将两个模块结合在一起使用后，实现复杂的功能也就不是什么难事了。我们拿智能对话模式举例，类似于市面上常见的智能音响，比如"小爱同学"，要与智能音响对话需要一个唤醒词。我们了解到语音识别模块的 3 种工作模式中有指令识别模式，但别人造好的轮子使用起来并不是那么顺手，能不能自己做一个带唤醒词的识别模式呢？世上无难事，应该是没有问题的，我们看图 17-17 所示的程序，程序中设置"xiao na"为唤醒词，当识别到唤醒词后会等待用户输入要执行的命令，在下面的程序中设置了两条命令："kai deng"和"ni ji sui le"。当识别到其中任意一条指令后会执行相应的程序，并且重新等待用户说出唤醒词才可再次唤醒，这样就可以实现类似"小爱同学"的功能了。

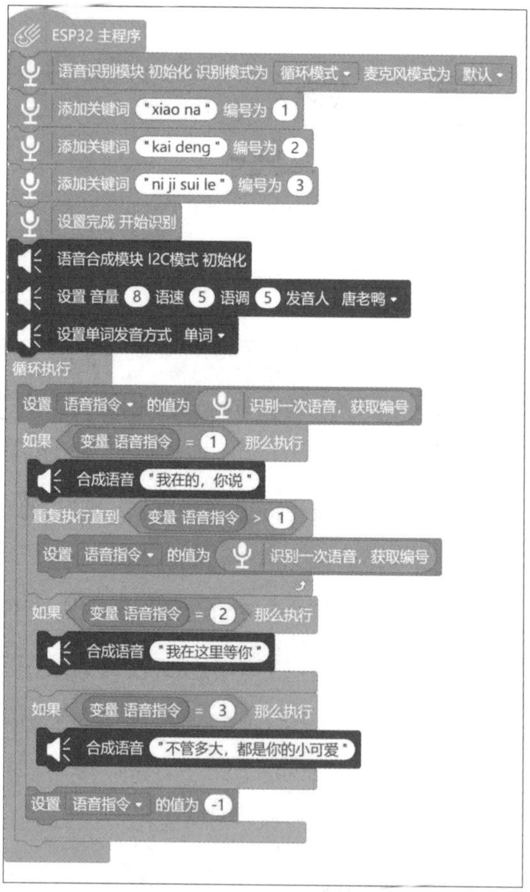

图 17-16　语音识别模块和语音合成模式结合的测试程序

图 17-17　自制带唤醒词的识别模式程序

当你理解了上面的程序后，要实现更多的指令识别只需要添加更多的关键词就可以了，编写本次作品的程序就没有什么难度了，我将程序设计成了几个模块，接下来了解每个模块的作用。

首先对语音识别模块和语音合成模块初始化，并提前设置好关键词（关键词的多少决定了作品的丰富程度，这也是离线识别和在线识别的区别），程序如图 17-18 所示。

接下来对屏幕首页显示的内容进行设置，方便使用者（尤其是聋哑人）观看，程序如图 17-19 所示。

然后我们来学习送外卖模式的程序（见图 17-20），当按下红色的数字大按钮后会进入送外卖模式，程序运行完一次后会回到模式选择界面，使用者可以重新选择。

接下来我们学习智能对话模式的程

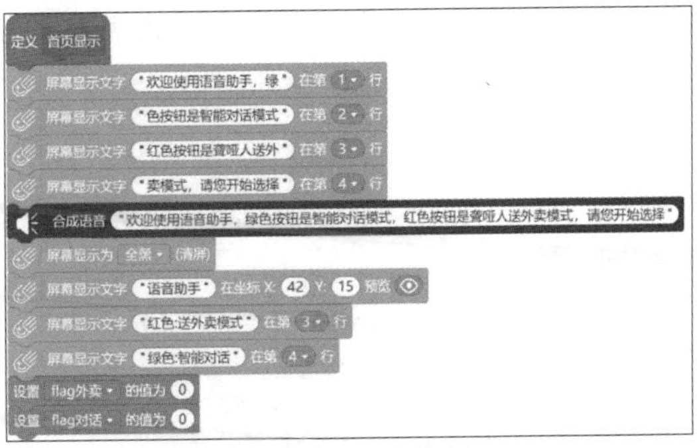

图 17-19　对屏幕首页显示的内容进行设置程序

图 17-18　初始化程序

图 17-20　送外卖模式的程序

序（见图 17-21），当按下绿色的数字大按钮后会进入智能对话模式，通过唤醒词唤醒设备，当用户发出"退出"的声音或者再次按下绿色的数字大按钮时，会回到模式选择界面，使用者可以重新选择。

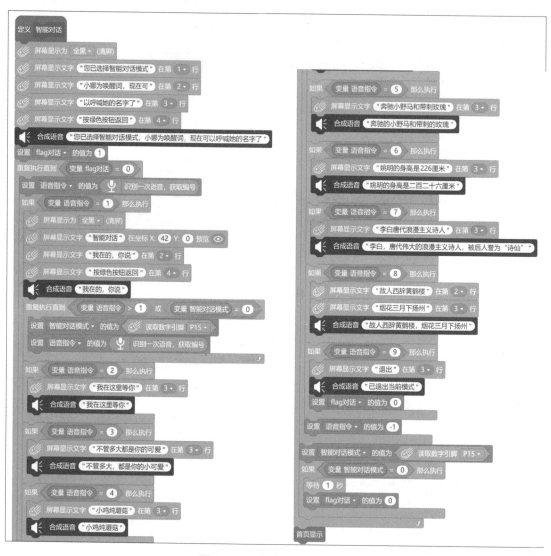

图 17-21　智能对话模式的程序

　　最后就是主程序（见图 17-22），主程序非常简单，只用到了两个数字大按钮来选择模式，为了看起来更加清爽，此处将其他功能模块都折叠了起来。

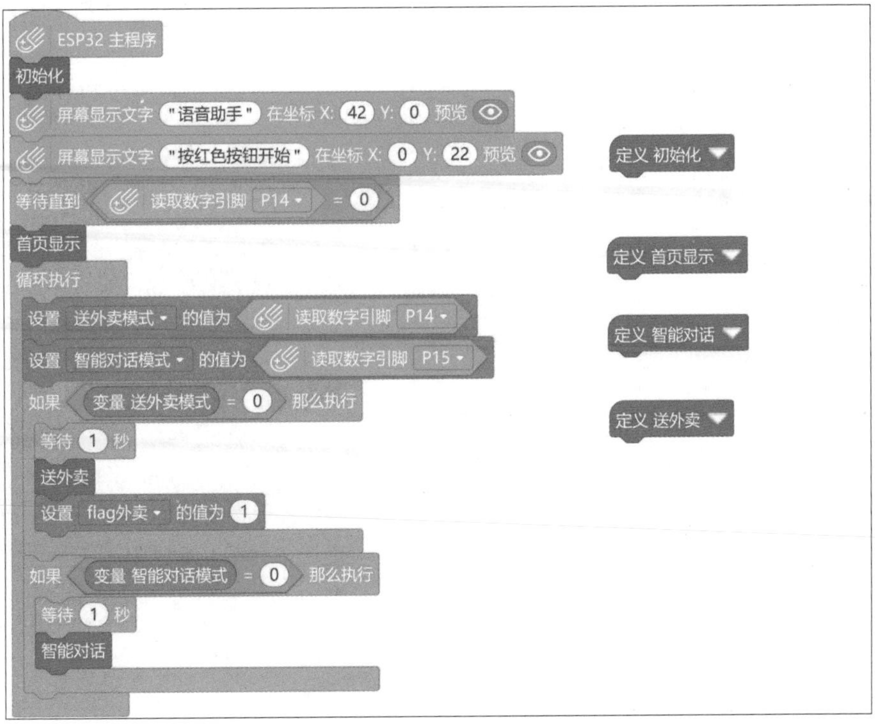

图 17-22 主程序

总结

　　本次我使用语音识别模块和语音合成模块对聋哑人语音助手的外观、结构、体积及编程环境做了改进，除此之外，后续还可以增加天气查询、时间查询、环境数据播报等功能。所有的智能对话都是将词条提前录制好进行识别的，所以如果出现了不包含的词条，将不会有反馈，在此情况下，我们可以再次迭代，增加网络请求的功能，当在离线模式下不能找到答案时，可以选择通过网络获取答案，让语言助手变得更加"智能"。